U0241185

与鲨共舞

DIVING WITH SHARKS

〔澳〕奈杰尔·马什　〔英〕安迪·默奇◎著　冯　齐◎译

北京科学技术出版社

First published in 2017 by New Holland Publishers Pty Ltd.

London Sydney Auckland

Copyright © 2017 New Holland Publishers Pty Ltd.

Copyright © 2016 in text and images: Nigel Marsh and Andy Murch

Originally published in Australia by New Holland Publishers (Australia)Pty Ltd.

Simplified Chinese edition copyright © 2020 Beijing Science and Technology Publishing Co., Ltd.

著作权合同登记号　图字：01-2018-3230 号

图书在版编目（CIP）数据

与鲨共舞 /（澳）奈杰尔·马什，（英）安迪·默奇著；冯齐译 . —北京：北京科学技术出版社，2020.7

书名原文：DIVING WITH SHARKS

ISBN 978-7-5714-0902-9

Ⅰ.①与… Ⅱ.①奈… ②安… ③冯… Ⅲ.①鲨鱼—普及读物 Ⅳ.① Q959.41-49

中国版本图书馆 CIP 数据核字（2020）第 073792 号

与鲨共舞

作　　者：〔澳〕奈杰尔·马什 〔英〕安迪·默奇

译　　者：冯 齐

责任编辑：吴佳慧

策划编辑：李 玥

责任印制：李 茗

出 版 人：曾庆宇

出版发行：北京科学技术出版社

社　　址：北京西城区西直门南大街 16 号

邮政编码：100035

电话传真：0086-10-66135495（总编室）

　　　　　0086-10-66113227（发行部）

　　　　　0086-10-66161952（发行部传真）

电子信箱：bjkj@bjkjpress.com

经　　销：新华书店

开　　本：889 mm×1194 mm 1/20

版　　次：2020 年 7 月第 1 版

ISBN 978-7-5714-0902-9

网　　址：www.bkydw.cn

印　　刷：北京捷迅佳彩印刷有限公司

印　　张：10.4

印　　次：2020 年 7 月第 1 次印刷

定价：146.00 元

目　录

引言

20 世纪 50 年代，潜水者潜入大海后会尽量避免和鲨鱼相遇。当时，大部分鲨鱼在人们眼中是会捕食人类的凶猛生物，人们认为它们会攻击那些进入自己领地的人类。不过，当时大多数潜水者潜入海中是为了捕鱼，的确经常受到鲨鱼的攻击，所以人们对鲨鱼有这种看法很正常。

然而，到了 20 世纪 70 年代，许多潜水者不再捕鱼，而是带上相机去探索深海。这时，他们发现了一个既让人意外又让人惊叹的事实：大多数鲨鱼天性害羞，面对潜水者时总是小心翼翼的。人们很快就意识到，那些所谓极具危险性的鲨鱼，其实在没有诱饵的情况下并不会靠近人类。之前有关这种生物的传闻都是错误的，鲨鱼对捕食人类毫无兴趣。

时至今日，许多潜水者开始希望自己在潜水之旅中能与鲨鱼相遇，并且能近距离地观察和拍摄这些深海中令人震撼的捕食者。现在，潜水者们经常在水下与各种各样的鲨鱼邂逅，到目前为止，人类辨识的鲨鱼种类已经多达 500 余种。

但是，想要"与鲨共舞"，并非潜入水中后等待鲨鱼向自己靠近这么简单。与媒体报道及大众认知不同的是，鲨鱼家族并没有那么庞大。一方面，许多鲨鱼原本种群成员就不多；另一方面，人类在过去的几十年不间断地捕捞，导致全球鲨鱼的数量骤减。要想观鲨，潜水者先要知道鲨鱼的聚集地，然后往往要花费大量金钱才能到达鲨鱼仍在正常繁殖的偏远之地。

本书是观鲨指南，适合想去鲨鱼的聚集地近距离面对面观鲨的人阅读。本书详细介绍了世界范围内的常见鲨鱼，还涵盖了许多稀有的、有趣的鲨鱼。如果你足够幸运或足够有耐心，就可以与它们相遇。具体来说，本书主要讲了鲨鱼的生物学特性、鲨鱼面临的威胁、鲨鱼的相关研究与保护情况、投喂鲨鱼的利弊、热门观鲨潜点，以及如何更好地与这种优雅的生物互动。

本书旨在让读者更好地了解鲨鱼，并激发更多潜水者探寻这种神奇生物的热情。

大多数鲨鱼不具危险性，包括图中可爱的豹纹鲨

短吻柠檬鲨遇到潜水者时一般警惕心很强，但一旦发现了诱饵，就不再防范

鲨鱼不仅体形千差万别，习性也大不相同。有些鲨鱼极具社会性特征，比如图中的斑纹须鲨和点纹斑竹鲨

鲨鱼身边常伴有舟鰤和䲟鱼，不过图中环绕着尖齿柠檬鲨的是一群黄鹂无齿鲹幼鱼

鲨鱼生物学特性

　　鲨鱼和鳐鱼是软骨鱼，它们的骨骼由软骨组成（人类鼻子中也有软骨），这是它们与硬骨鱼的主要区别。鲨鱼没有鳔（一种能让鱼在水下任何深度都保持中性浮力的器官）。鲨鱼的皮肤和牙齿也与硬骨鱼的皮肤和牙齿不同，鲨鱼的皮肤上布满盾鳞（也称"皮齿"），牙齿只是浅浅地嵌在牙龈上，没有深深地固定在颌骨里。鲨鱼是一种体内受精的生物，雄性通过两个交合突（鳍脚）中的任意一个将精液输送至雌性体内。此外，鲨鱼只孕育少量后代，这也是它们和大多数鱼的区别。

鲨鱼的种类

　　软骨鱼分为板鳃亚纲和全头亚纲。鲨鱼和鳐鱼属于板鳃亚纲，它们的头两侧各有 5~7 个鳃裂。银鲛属于全头亚纲（本书中没有相关内容），头两侧各有 1 个鳃裂，并覆有膜状鳃盖。

　　根据生物分类法，板鳃亚纲进一步分为鳐形总目和鲨形总目。其中，鳐形总目下有 6 个亚目（鳐鱼属于鳐形总目），而鲨形总目下有 8 个亚目（鲨鱼属于鲨形总目）。具体分类由一系列因素决定，包括鳍的排列及数量、体形、口的位置、鳃裂数量以及其他特征。下面是鲨鱼的分类情况。

　　六鳃鲨目　有臀鳍，1 个背鳍，6~7 对鳃裂。六鳃鲨目下有皱鳃鲨科和六鳃鲨科。

　　角鲨目　没有臀鳍。角鲨目下有角鲨科、刺鲨科、乌鲨科、睡鲨科、尖背角鲨科及铠鲨科。

　　扁鲨目　没有臀鳍，身体扁平。扁鲨目下只有扁鲨科。

　　锯鲨目　没有臀鳍，吻细长且边缘有锯齿状尖刺。锯鲨目下只有锯鲨科。

　　虎鲨目　带硬棘的背鳍是其区别于其他鲨鱼的主要特征。虎鲨目下只有虎鲨科。

　　鼠鲨目　有臀鳍，口位于眼睛的下后方，眼部没有瞬膜。鼠鲨目下有砂锥齿鲨科、尖吻鲨科、拟锥齿鲨科、巨口鲨科、长尾鲨科、姥鲨科和鼠鲨科。

　　须鲨目　有臀鳍，口位于眼睛前部。该目下鲨鱼种类丰富，有斑鳍鲨科、长须鲨科、须鲨科、长尾须鲨科、豹纹鲨科、铰口鲨科和鲸鲨科。

　　真鲨目　真鲨目鲨鱼与鼠鲨目鲨鱼十分像，但前者眼部有瞬膜。真鲨目下有猫鲨科、皱唇鲨科、真鲨科和双髻鲨科等。

　　大多数鲨鱼科下分不同的属，同一个属中的各种鲨鱼亲缘关系较近。每种鲨鱼的学名都是根据双名法确定的，也就是说，学名的第一部分是属名，第二部分则是种名，种名一般是基于鲨鱼的特征命名的。目前，学界对一些鲨鱼的分类仍然存在争议，分类学也一直在不断发展，因此随着研究的不断深入以及新物种的发现，鲨鱼的科、属等分类情况也可能发生变化。

鲨鱼的演化

目前，已知的地球上最早的鱼形动物是甲胄鱼。这种无颌原始鱼出现在约有5亿年历史的化石上，它们没有眼睛和鳍，身体由棒状脊索支撑，由于没有颌，它们只能依靠吸食海床上的食物为生。

甲胄鱼在世界各地的海洋中生活了1亿年之久。随着时间的推移，它们最前面的一对鳃弓逐渐前移，演化成了颌，颌上长出与鳞片同源的牙齿。它们中的一支演化成高效的捕食者——盾皮鱼。这种鱼身披骨甲，拥有健硕的鳍，游动时力量更强，稳定性和灵活性更好。

约3.5亿年前，小型原始鲨鱼出现了，它们捕食硬骨鱼，迅速增殖，并导致盾皮鱼走向灭亡。经过数百万年的时间，它们演化出许多种类，有的身长超过2 m，是身手敏捷的捕食者。原始鲨鱼成为当时当之无愧的海洋霸主。

二叠纪末期，海洋爬行动物出现，它们开始与原始鲨鱼抢夺食物。从那时开始，原始鲨鱼经常沦为它们的口中餐。

我们在说到原始鲨鱼时必须要提到裂口鲨。裂口鲨虽然存活时间很短、体形较原始，但它们被视为现代鲨鱼的远古祖先。它们与现代鲨鱼有很多共同的基本特征，包括尖利的牙齿、带硬棘的背鳍、成对的胸鳍和腹鳍，以及多对鳃裂。

裂口鲨灭绝于距今已有2.45亿年的古生代末期，取而代之的是弓鲛。弓鲛和裂口鲨体形相似，但颌和牙齿力量更强，鳍和尾发育得更好，这些都加快了它们的游动速度。弓鲛统治了海洋数百万年，但它们还是输给了现代鲨鱼，灭绝于约6 500万年前的白垩纪时期。

现代鲨鱼中，六鳃鲨目和虎鲨目鲨鱼被认为是最早出现的新鲛类生物，它们仍然保留了一些原始鲨鱼的特征。六鳃鲨目鲨鱼有6~7对鳃裂，虎鲨目鲨鱼背鳍上有硬棘。

大部分种类的现代鲨鱼大约出现于1.5亿年前，逐渐演化出我们现在看到的这么多物种。在过去的1亿年里，它们完全适应了环境，没有演化的压力，所以它们的演化十分有限。然而，这

虎鲨目鲨鱼（比如波氏虎鲨）保留了它们远古祖先的特征——硬棘

期间也有许多物种逐渐灭绝，尤其是巨型鲨鱼。鼠鲨科及砂锥齿鲨科的巨型鲨鱼，比如臭名昭著的噬人鲨的近亲——巨齿鲨等就灭绝了。

在世界各地，大量的鲨鱼牙齿化石被发现，完整的鲨鱼化石却十分少见。这是由于鲨鱼的骨骼由软骨组成，而软骨比坚硬的鲨鱼牙齿更易于分解，所以鲨鱼的牙齿更易保存下来。科学家们可以从这些鲨鱼牙齿化石中获取丰富的信息，如该鲨鱼所属的目、属、种，以及体形、大小和食性等。

佩氏真鲨演化出流线型体形，可以快速游动捕食

鲨鱼的牙齿化石在世界各地十分常见，图中是巨齿鲨的牙齿化石

鲨鱼的体形

在过去的 3.5 亿年里，为了成为茫茫海洋中的顶级捕食者，鲨鱼演化出了不同的体形，大小相差悬殊，从而能够最好地利用它们生存的环境。例如，为了提高游动速度，有的鲨鱼的体形变成流线型；为了隐藏和伪装，有的鲨鱼的体形变得扁平；为了能够钻到洞穴深处捕食或藏身，有的鲨鱼的体形变成细长型。虽然鲨鱼的种类很多，体形看起来千差万别，但它们身体的基础构造都是相同的。

软骨骨骼

现存的大部分脊椎动物的骨骼主要由硬骨组成，软骨（比如耳朵和鼻子中的软骨）只起到辅助支撑作用，而鲨鱼的骨骼由软骨组成，所以鲨鱼一度被认为是非常原始的鱼类。脊椎动物在胚胎时期的骨骼由软骨组成，之后大部分脊椎动物的软骨逐渐钙化，成为硬骨。

有些观点认为：鲨鱼的远古祖先的骨骼由硬骨组成，并且头骨很重。据推测，鲨鱼是为了减轻沉重的躯体带来的负担，才进化出了软骨。软骨比硬骨轻得多，鲨鱼因此能更好地控制浮力、提高游动速度，游动起来更灵活。但鲨鱼也并非完全没有硬骨骨骼，随着年龄的增长，鲨鱼的脊柱、鳍基软骨及颌骨往往会逐渐钙化，这些钙质分层沉积。但研究人员发现，这些钙质并不是按照年份沉积的，所以要想确定鲨鱼的年龄，除了研究"钙质年轮"，还需要进行更多的研究。

鲨鱼颌骨被成排地挂在旅游纪念品商店售卖，令人悲痛

鳃

原始鲨鱼的鳃囊多达 10 对，而现代鲨鱼中除了有 6~7 对鳃囊的六鳃鲨目鲨鱼及锯鲨目的六鳃锯鲨外，其他的鲨鱼都只有 5 对鳃囊（据推测，原始鲨鱼最前面的一对鳃弓逐渐前移，演化成了现代鲨鱼的颌）。鲨鱼的鳃呈弧形，纵向排列，用来获取水中的氧气。水从鲨鱼的口或者喷水孔（底栖鲨身上退化的一对鳃裂）进入，穿过鳃，从鳃裂流出。在这个过程中，氧气通过毛细血管进入鲨鱼的血液。不同种类的鲨鱼，鳃的大小不同。鲸鲨和姥鲨的鳃因"过度发育"，长出了能捕获浮游生物的鳃耙。

硬骨鱼有骨质鳃盖，通过不断地开合骨质鳃盖让水流经鳃，以便获取水中的氧气。而鲨鱼没有骨质鳃盖，需要通过口或喷水孔把水吸入体内，从而获取水中的氧气，这对大多数底栖鲨而言是轻而易举的事情，但大型巡游鲨则只有不停地游动，才能让水持续地进入口腔并流经鳃，然后从鳃裂流出。这就意味着大部分巡游鲨要一刻不停地游动，否则就会窒息而亡。然而，为了生存，一些巡游鲨已进化出在海底休息时也能吸入海水的能力。一些鲨鱼则选择在水流较多的洞穴和海沟中休息，这样不会影响自己吸入氧气。

鲸鲨的鳃超级大，既可以用来呼吸，又可以用来滤食浮游生物

点纹斑竹鲨通过鳃裂和眼部下方的喷水孔进行呼吸

14

鳍

　　鲨鱼鳍的分布情况基本相同。但为了适应不同的环境，不同种类鲨鱼的鳍的大小、形状及位置有所差异。鳍的基本作用是推动身体前进、保持稳定及增强灵活性，它们让鲨鱼可以或快或慢地游动、灵活转弯和及时停下。鲨鱼的鳍由体内附着于脊柱的鳍基软骨支撑，鳍基软骨上有呈纤维状辐射生长的角质鳍条，这些角质鳍条便是所谓的鱼翅。

短吻柠檬鲨通过口的不断开合让海水流经鳃，从而达到在海底休息的目的

点纹斑竹鲨（底栖鲨）的尾鳍很小且发育程度较低，所以它们不太游动，而是经常待在沿海珊瑚礁区

原始鲨鱼及少数现代鲨鱼（如虎鲨*和角鲨）的背鳍前缘有硬棘，这些硬棘主要起支撑鳍的作用，防御的作用并不大。

鲨鱼一般有1~2个背鳍，背鳍既可以保持身体稳定，又可以在尾鳍来回摆动时保持身体平衡。鲨鱼在游动时，身体呈"之"字形摆动，使尾部产生推力。一般来说，鲨鱼尾鳍的上尾叶比下尾叶长，大部分推力来自上尾叶。但是，不同种类的鲨鱼尾鳍的形状差异很大。鼠鲨的尾鳍上尾叶和下尾叶大小相当、形状相同，呈弯月形。须鲨和豹纹鲨属于底栖鲨，经常栖息于海底，无须尾鳍的下尾叶发挥作用，因此它们的尾鳍几乎没有下尾叶，上尾叶则较长。长尾鲨尾鳍上尾叶的长度一般达整个身体长度的一半左右，长长的尾鳍不仅有助于它们快速游动，还可以击晕猎物。

鲨鱼的胸鳍位于身体的重心处，由软骨与躯干连接，形似翅膀，主要用于控制游动方向。鲨鱼通过倾斜身体和摆动胸鳍来调整游动方向。底栖鲨的胸鳍通常较小，长尾须鲨甚至可以借助于胸鳍在水底缓慢地"行走"。扁鲨的胸鳍位于扁平的头部两侧，外形宽大，这有助于它们隐藏于沙中。鲨鱼的腹鳍和臀鳍能帮助它们保持身体稳定和平衡。

浮力

不同于硬骨鱼，鲨鱼没有鳔，所以大多数鲨鱼必须不停地游动，以免沉入海底。有些鲨鱼可以吸入海面之上的空气，让胃充满空气，使身体达到中性浮力状态。而其他鲨鱼，尤其是深海鲨

铰口鲨没有鳔，身体具有负浮力，因此可以在海底休息

---

* 为方便读者阅读、避免不必要的误解，本书中的"虎鲨"（Horn Shark）指虎鲨科的鲨鱼，而不是真鲨科鼬鲨属的"鼬鲨"（Tiger Shark）。——编者注

和远洋鲨的肝脏中充满了一种名为"鲨烯"（又名"鱼鲨烯"）的轻油，这种轻油有助于它们保持中性浮力。

皮肤和牙齿

鲨鱼的全身布满了齿状鳞片，即盾鳞。盾鳞的鳞棘向后生长，你如果逆着纹路抚摸盾鳞，会感觉非常粗糙。数千年来，鲨鱼皮有的被用作砂纸，有的被制成结实的皮革。不同鲨鱼的盾鳞形状和大小不同，即使是同一条鲨鱼，不同部位的盾鳞也有所差异，一般头部和鳍上的盾鳞较小。盾鳞由生于皮肤的基板及长在基板上的棘突组成。棘突内有血液流入，棘突外覆盖着一层起保护作用的釉质。大多数棘突形似牙齿，上面有凸脊、凹槽和棘尖。盾鳞会不断地脱落、再生，每条鲨鱼每年约有 2 万片盾鳞脱落并重新生长。

赫尔须鲨眼周的盾鳞与其他部位的大小和形状都不同

数百万年以来，鲨鱼不断演化，皮肤上的盾鳞变得十分坚韧，使得鲨鱼在捕食或繁殖时免受伤害。一些雌性鲨鱼的皮肤甚至更厚实，以保护它们免受处于发情期的雄性鲨鱼的伤害。研究还发现，鲨鱼盾鳞形状特殊，有助于引导海水流向其感觉器官，并远离眼部。除此之外，盾鳞还有一个重要的作用，那就是让海水顺畅地流经鲨鱼身体，减小游动时的阻力。

鲨鱼是肉食性动物，不同的鲨鱼进化出了不同的牙齿来捕捉、撕咬或碾碎猎物。不同于其他动物的牙齿，鲨鱼的牙齿十分特别。鲨鱼的牙齿不是长在颌骨上，而是嵌在牙龈中，一般有 6 排或更多排，但只有最前面的一排牙齿发挥作用。鲨鱼的牙齿会自然脱落，尤其是在捕食

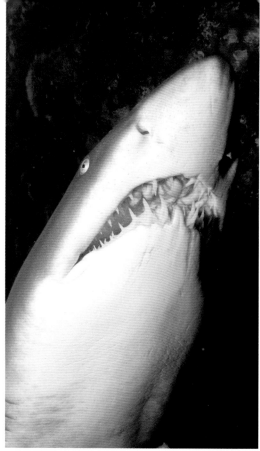

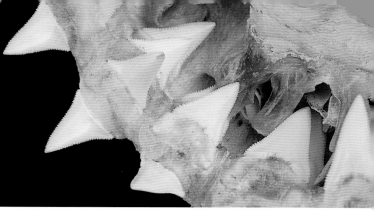

噬人鲨的牙齿大且呈锯齿状，能够撕裂、锯开肉和骨头

锥齿鲨的牙齿如匕首般锋利，可用于捕食硬骨鱼

铰口鲨的牙齿小而尖利，可用于捕食多种猎物

斑纹须鲨是伏击型捕食者。图中是一条正在捕食的斑纹须鲨，它高高抬起头，随时准备捕食身边游过的鱼

的时候。鲨鱼的牙齿不停地生长，不断由后向前更替，一般 8~15 天更替一次。

鲨鱼的上下颌牙齿形状差异很大，但即使是同一条鲨鱼，幼年期和成年期的牙齿形状变化也很明显。通过观察鲨鱼的牙齿，我们可以得知鲨鱼以何种食物为生、以何种方式捕食。边缘呈锯齿状的牙齿可以让鲨鱼将大型猎物锯切成块；弯曲的或者匕首状的牙齿用来对付的是能被一口吞掉的猎物；圆形或扁平的牙齿则用于碾碎猎物，如甲壳动物、软体动物或棘皮动物。

一条鲨鱼可能同时长有上述的这些不同形状的牙齿，也可能在不同阶段分别长出不同形状的牙齿。幼年噬人鲨的牙齿呈匕首状，它们主要以鱼类为食；而成年噬人鲨的牙齿很大且边缘呈锯齿状，用来撕裂大型猎物。虎鲨前颌的牙齿小而尖，用来捕捉猎物，侧面及后面的牙齿扁平，用来碾碎猎物。鲸鲨和姥鲨等以浮游生物为食的鲨鱼也长有一些小型利齿，但很少使用。

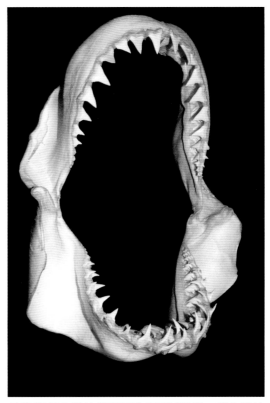

从这张噬人鲨的颌骨图我们可以看出：噬人鲨的上下颌牙齿形状差异很大，上牙用于锯切食物，下牙则用于咬住猎物，让猎物无法逃脱

捕食策略

鲨鱼捕食时会用到一系列策略。大部分鲨鱼会追踪猎物，捕食行动缓慢的或者没有意识到危险的猎物。以浮游生物为食的鲸鲨和姥鲨等鲨鱼也会追捕猎物，但它们速度较慢，常一边游动一边张开嘴滤食鱼卵、磷虾及其他浮游生物。许多底栖鲨是伏击型捕食者，它们利用极具伪装性的外表隐藏起来，并出其不意地捕食猎物。一部分深海鲨身体的某些部位可以发光，从而把猎物吸引到身边。有些鲨鱼会把鱼群赶到一起，使它们变成一个大饵球而让自己大快朵颐。还有些鲨鱼会相互合作，将鱼群赶到浅海区再捕食。

在斐济的一个鲨鱼喂食潜点，一条长尾光鳞鲨偷偷叼走一个鱼头当作自己获得的奖励

消化

　　实际上，鲨鱼并不咀嚼食物，而是将食物整个或者分块吞下，通过消化系统来分解食物。当鲨鱼吞下食物后，食物会顺着短短的消化道直接进入胃，胃中的管状腺释放盐酸和消化酶来分解食物（大部分食物很快就会被分解，但也有一些大型鲨鱼吞下的食物可以在胃中留存数星期）。然后，经过初步分解的食物进入肠道，肠道内的螺旋瓣增加了肠道的表面积，也强化了其吸收营养的能力。最后，食物残渣通过直肠排泄出去。而像骨头这类难以消化的东西，鲨鱼则会吐出去。

　　绝大多数鲨鱼是变温动物，身体温度会随海水温度的变化而变化，所以对它们庞大的体形来说，其存活所需的食物非常少。鼠鲨是个例外，它们可以将体温维持在高于海水的温度，这样可以使肌肉温度较高，从而使身体更灵敏，但同时也需要进食更多的食物。

感觉器官

　　历经数百万年，鲨鱼演化出一系列能够敏锐感知猎物的感觉器官，鲨鱼的感知能力几乎高于其他所有动物。为了处理庞杂的信息，鲨鱼（尤其是鼠鲨、真鲨以及双髻鲨等大型鲨鱼）的大脑发育得十分完善。实验研究表明，鲨鱼具备学习和记忆能力，大脑重量和身体重量之比与鸟类及许多哺乳动物的类似。

视力

许多鲨鱼在夜间、黎明或黄昏时捕食，能在这种光线较差的环境中捕食离不开它们敏锐的视力。鲨鱼的眼睛位于头部两侧，视野宽广，无论是白天还是黑夜都能有效寻找猎物。白天，视网膜中的视锥细胞帮助鲨鱼辨别颜色和形状；晚上，视杆细胞则帮助鲨鱼分辨明暗。此外，在鲨鱼的视网膜后面有一层照膜，这层膜可以将较暗的光线反射到视网膜上，以增强鲨鱼的视力。

不同种类鲨鱼的习性差别很大，眼睛的差别因而也很大。白斑斑鲨是夜行动物，因此它们的瞳孔很大，即使在夜间，视力也很好

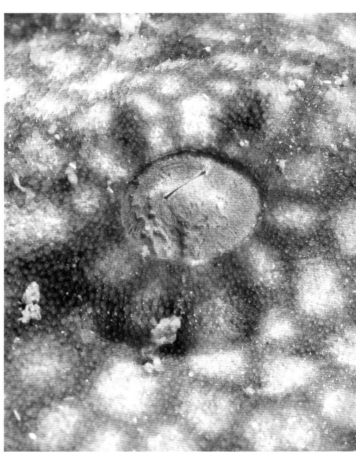

叶须鲨是伏击型捕食者，瞳孔呈裂隙状（有助于它们准确判断猎物的距离），它们能在一天当中的任何时间捕食

视力对鲨鱼来说非常重要，尤其是在捕食时。鲨鱼善于观察远距离的物体，有些人认为鲨鱼的视线可能无法聚焦于近距离的物体。为了保护眼睛，许多鲨鱼的眼睛上长有可覆盖眼球的瞬膜，而没有瞬膜的鲨鱼可以将眼球向内转动以保护眼睛免受猎物伤害，尤其是在进食的时候。

不同于陆地上的捕食者，大部分鲨鱼无法让双眼同时看向前方，不具备双眼视觉（双眼视觉能使动物拥有空间知觉，有助于捕食等）。不过，鲨鱼在游动时会不断地将头从一侧摆向另一侧，使两只眼睛能获取同样的信息，从而以类似于双眼视觉的方式让自己获取全面的信息，也让自己拥有出色的外围视觉。

声音和振动

声音在液体中比在空气中传播得更远、更快，声音也是鲨鱼重要的感官信息。鲨鱼没有鼓膜，也没有像其他动物那样的外耳，而是在头顶有一对通向内耳的孔。内耳由不同方向的 3 条通道相连，每条通道内都有感觉纤毛，这些纤毛能够感知声音，并且能够辨别声音的方向。鲨鱼的

双髻鲨游动时来回摆动头部，以确保在捕食时感觉器官都能发挥作用

内耳也起维持身体平衡的作用，这对于生活在开放水域、没有固定的视觉参照物的生物来说非常重要。

鲨鱼还拥有能够感知振动的器官——侧线。侧线呈管状，始于鲨鱼的头部，经过躯干一直延伸到尾部，侧线内长满纤毛、充满黏液，侧线上则有众多微小的侧线孔。鲨鱼全身还有以不同密度分布的感觉器官——窝器。窝器和侧线的结构类似，为鲨鱼提供有关移动、位置以及周围环境和水流情况等信息。

探测到了各种信息，鲨鱼就可以敏锐地察觉受困或者受伤的鱼，并迅速对它们进行定位。这样，即使有些鱼不在鲨鱼的视线范围之内，也无法逃脱鲨鱼之口。

嗅觉和味觉

鲨鱼寻找猎物时用到的最重要的感官就是嗅觉器官。鲨鱼的嗅觉器官——鼻孔位于头部腹面、口的前方，内壁皮瓣密布。水不断地涌入鼻孔，鼻孔内的受体细胞就不断地分辨水中的血液分子及蛋白质分子。许多底栖鲨的鼻孔还与口腔相连，它们即使静止不动，也可以通过每次呼吸闻到周围水中的气味。

人们发现鲨鱼可以敏锐地嗅到被稀释超过 1 000 万倍的物质的气味，但它们只有靠近不间断的、集中的物质流，才能追溯气味的源头。相关实验表明，噬人鲨可以在离诱饵 8 km 的地方察觉到诱饵的存在，但距离更远时则会因气味分散而难以分辨。一旦它们察觉到气味，便会在气味消失之前快速寻找源头，甚至紧闭鳃部来减小游动阻力。

鲨鱼不仅通过嗅觉寻找猎物，它们在繁殖

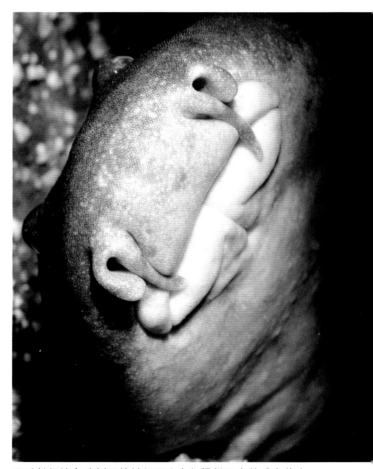

瓦氏长须鲨鼻孔侧面的触须可为它们提供更多的感官信息

23

期也利用嗅觉寻找可以交配的对象。雄鲨利用嗅觉辨别雌鲨泄殖腔的气味，从而确定雌鲨是否发情以及是否可以与之交配。

　　鲨鱼主要依靠味蕾来判断面前的食物是否可以食用，扁鲨就是一个典型的例子。扁鲨是伏击型捕食者，几乎不放过任何从身边游过的生物，因此极其依赖味觉来判断到手的猎物能否食用。许多鲨鱼会因为猎物"味道不对"而放弃食用。

电感应

　　对活体动物的电感应能力是鲨鱼拥有的一种特殊能力。电感应器官分布在鲨鱼的头部周围，被称为"罗伦氏壶腹"。大多数鲨鱼头部都有这种长满纤毛细胞的小孔，这些小孔与神经系统相连，可以检测到极其微弱的电场。罗伦氏壶腹甚至可以对藏起来的猎物进行定位，有助于鲨鱼捕食，尤其是猎物不在鲨鱼的视线范围内时。罗伦氏壶腹还可以为鲨鱼导航，这样迁徙的鲨鱼每年都能回到它们熟悉的栖息地。

锥齿鲨头部的小黑点就是罗伦氏壶腹和窝器

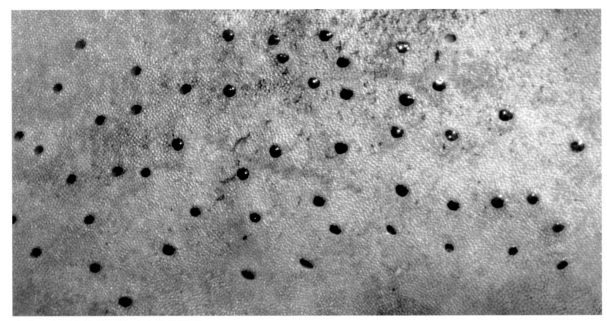

这些黑点是鼠鲨的罗伦氏壶腹的特写

鼠鲨的罗伦氏壶腹

鲨鱼的繁殖

　　鲨鱼和绝大多数硬骨鱼的区别还在于繁殖方式不同。绝大多数硬骨鱼的繁殖方式为雌鱼产下数百万颗卵，雄鱼使这些卵体外受精。而鲨鱼的繁殖方式则与哺乳动物的繁殖方式一样是体内受精，并且鲨鱼也只孕育很少的后代。

　　到了繁殖期，雌鲨将卵巢中的卵子释放到生殖道，而雄鲨的精巢中产生精子，精子经输精管进入储精囊。

　　同一种鲨鱼的雌鲨和雄鲨可能只有在交配时才相见。在繁殖期，许多鲨鱼会聚集在一起。一般一条或多条雄鲨会紧紧跟随着一条雌鲨，通过嗅雌鲨的泄殖腔来辨别它是否处于发情期。雄鲨可能咬住雌鲨的鳍、尾巴、头或背部，用这种粗暴的方式求爱。如果雌鲨对雄鲨不感兴趣，或者并不想交配，那么它可能反咬雄鲨，或立刻逃离这片海域。如果雌鲨接受雄鲨的求爱，那么它会放慢速度，让雄鲨选择一个合适的地方进行交配。为了确保交配时身体有支撑点，大多数鲨鱼会在海底交配。在交配过程中，雄鲨会咬住雌鲨的胸鳍以保持身体稳定。不同种类的鲨鱼交配的姿

这条雌灰三齿鲨的鳃和胸鳍上留有交配时造成的新伤痕

对鲨鱼来说，完成交配前的"前戏"是一件很困难的事情，并不总能成功。这条雄饰妆须鲨光咬雌鲨的尾巴就咬了十多分钟，但雌鲨最终还是跑掉了

势不同，有的是并排而行，有的是腹部相对，有的是雄鲨在上，还有的是双方互相"搂抱"在一起。

交配时，雄鲨将交合突插入雌鲨的泄殖腔中，精子沿着交合突内侧的沟槽进入雌鲨体内。雌鲨体内可以长时间储存精子，直到条件成熟再受孕。

卵子在卵壳腺内受精，受精卵外部有一层保护壳，壳的厚度和作用因鲨鱼种类不同而各不相同。受精卵会进入子宫，并以不同方式发育。

卵生

许多底栖鲨的繁殖方式为卵生，它们的卵（受精卵）外面包着一层起保护作用的、坚韧如皮革的壳——卵鞘。有的雌鲨会将受精卵留在子宫中发育成幼鲨；有的雌鲨在交配后马上产卵，鲨鱼卵要不断与恶劣环境和捕食者抗争，直到发育成幼鲨。不同种类鲨鱼的卵的形状和大小各异。虎鲨的卵形似螺旋状的开瓶器，而其他鲨鱼的卵大多呈方枕型。大多数鲨鱼卵长有卷须，卷须将

猫鲨科鲨鱼的卵差异很大，但都通过卵鞘外的卷须固定在海底。左图是埃氏宽瓣鲨的卵，右图是小点猫鲨的卵

卵固定在海底。鲨鱼卵还常被海藻覆盖，从而躲过捕食者，安全地留存下来。卵生鲨胚胎发育时从卵黄中摄取营养，孵化可能需要 2~15 个月。

卵胎生

还有一部分鲨鱼的繁殖方式为卵胎生。卵胎生鲨的受精卵也被卵鞘包裹着，但幼鲨在出生前就会在子宫内摆脱卵鞘。大多数卵胎生鲨胚胎的营养来源于卵黄，但也有一些卵胎生鲨胚胎除了汲取卵黄的营养外，还以雌鲨卵巢中排出的未受精的卵为食（这被称为"食卵性"）。而砂锥齿鲨的胚胎不仅吃未受精的卵，还会吃子宫内其他正在发育中的胚胎（这被称为"子宫内同类相食"）。

胎生

许多真鲨和双髻鲨的繁殖方式为胎生。胎生鲨胚胎的胎盘通过卵黄囊附着在输卵管壁上，胚胎从卵黄囊和子宫液中获取营养，而胚胎产生的废物则传回胎盘，由母体处理。

澳洲绒毛鲨是猫鲨科的一种鲨鱼，它们的卵鞘上有一些独特的褶皱

这是一组不常见的斑竹鲨的卵。这些卵没有卷须，无法固定在海底，所以通常嵌在珊瑚中

眶脊虎鲨的卵形似螺旋状的开瓶器

幼鲨罕见，但潜水者经常能在澳大利亚南部海域发现波氏虎鲨的幼鲨

人们通过观察多种鲨鱼的分娩和产卵过程发现：有些鲨鱼在海底摩擦腹部帮助自己顺利分娩；有些鲨鱼则会焦躁地游动，并在快速转弯时分娩。

生长及寿命

通常来讲，与硬骨鱼相比，鲨鱼生长慢得多，也更长寿。大多数鲨鱼的寿命为20~30年，但是种类不同，鲨鱼的寿命在10~400年不等。研究表明，确认鲨鱼的年龄和生长速度是一件十分困难的事情。人们现在正在对鲨鱼椎骨上的钙化生长年轮进行研究，但是到目前为止，以"标记－释放"的方式进行的标志重捕法依旧是研究、确认鲨鱼生长情况与寿命最可靠的方式。

大多数鲨鱼在6~7岁时达到性成熟，但某些寿命较短的鲨鱼可能在2~3岁时就达到性成熟，而一些寿命较长的鲨鱼可能在20岁甚至年龄更大时才达到性成熟。性成熟的鲨鱼有一些特征。一般来说，性成熟的雄鲨交合突比较粗糙，这表明其有过交配行为；而雌鲨的鳍、背周围如果有轻微的咬痕或者划痕，表明其有过交配行为。不同种类鲨鱼的体形和大小千差万别，因此体形和大小不能作为鲨鱼性成熟的判断标准。

社交生活

　　目前人类对鲨鱼的社交生活的认知极其有限，人类了解到的大部分信息或源于圈养鲨鱼，或源于在自然界中与鲨鱼的短暂接触。目前人类最常观察到的鲨鱼行为就是捕食和进食，此外，人类对鲨鱼的繁殖和鲨鱼的社会结构也有所了解。

　　许多鲨鱼是独居动物，除了交配时，同一种鲨鱼很少近距离接触。这是由多种因素造成的：一是鲨鱼捕食竞争很激烈，零散地分布在海洋中有利于它们更好地寻找食物；二是鲨鱼的体形、大小差异很大，小型鲨鱼有时会成为大型鲨鱼的猎物；但最主要的原因可能是性和性攻击，由于鲨鱼的求偶过程十分艰辛，所以如果求偶活动可以全年进行，那么鲨鱼可能花费过多的精力去试图与不情愿的另一半交配，这反而会造成繁殖能力下降。因此，很多种类的鲨鱼都会进行性别隔离：雌鲨和雄鲨要么分布在海洋中不同的深度，要么分布在不同的温度带，只在繁殖期相会。

灰三齿鲨喜欢社交，常常一同在洞穴中休息

除了在繁殖期聚集之外，鲨鱼还可能为了共享丰富的食物而聚集，鲸鲨就是一个很好的例子。一般来讲，鲸鲨平时都单独活动，但是这些温柔的大家伙们偶尔也会聚集在澳大利亚西澳大利亚州的宁格鲁礁及墨西哥的穆赫雷斯岛这类食物丰富的海域，一起享用饕餮大餐。

许多鲨鱼会单独或集体迁徙。鲨鱼迁徙的原因目前我们还无法确定，可能是为了捕食、繁殖或其他目的。例如，波氏虎鲨会为了交配从深海迁徙到浅海，锥齿鲨和豹纹鲨会因为水温的变化而沿海岸线来回迁徙，鲸鲨和噬人鲨会为了去它们钟情的觅食地而进行远距离迁徙，还有一些鲨鱼则会跟随鱼群迁徙。

许多鲨鱼会集群活动。例如，人们曾见到双髻鲨的大型集群行为，一条条双髻鲨的间距几乎相同，并按照同样的方向前进或转身，动作整齐划一，如同一个整体。鲨鱼集群活动的优势显而易见：不仅让捕食者难以下手，自己也更容易捕食；提高了水动力效率，有助于节省宝贵的能量；便于开展更多的社交活动，寻找伴侣也更省时。但是，并非所有种类的鲨鱼的集群行为都如此整齐划一，比如锥齿鲨和真鲨。此外，鲨鱼的集群行为不会一直持续下去。对鲨鱼的跟踪研究显示，双髻鲨和锥齿鲨会在夜晚解散，以便各自进食。

据观察，许多种类的鲨鱼全年都聚在一起，但并不发生像上述那样的集群行为。例如，须鲨们往往在同一处洞穴中休息，这么做的还有斑竹鲨、铰口鲨、灰三齿鲨以及波氏虎鲨。它们在一起休息可能是为了防御天敌，也可能仅仅出于方便考虑——毕竟一处好的栖息地大家都想拥有。

不同种类的鲨鱼也经常共享同一块领地，互不干扰地巡视和进食。但是，某些种类的鲨鱼种群内部有等级之分（有不同的等级制度），这在真鲨和鼠鲨中最为常见，尤其是在进食时，往往种群中体形最大的鲨鱼享有进食优先权。体形小一些的鲨鱼有时在前进过程中会改变路线，这是为了避免和体形较大的同类相遇。有时候，不同种类的鲨鱼之间也存在这样的等级制度。例如，钝吻真鲨和灰三齿鲨在觅食时往往会为体形更大的白边鳍真鲨让路，面对鼬鲨或无沟双髻鲨时，它们也会小心翼翼的。

某些由不同种类的鲨鱼组成的集群内部很和谐，比如斑纹须鲨和赫尔须鲨常与点纹斑竹鲨和波氏虎鲨共享同一处洞穴。但是，由于须鲨偶尔以小型鲨鱼为食，所以人们并不清楚它们是偶然在一起栖息，还是须鲨在等待合适的时机消灭自己身边的伙伴。

有一些鲨鱼的行为，目前人们尚未理解它们的意义。有些鲨鱼会相互追随并首尾相接，这通常是一种交配行为，但这种行为发生在同性鲨鱼之间便令人十分费解。有些鲨鱼会在沙地或岩石

虽然须鲨有时以斑竹鲨为食，但人们经常见到点纹斑竹鲨和斑纹须鲨在同一处洞穴中栖息的场景

锥齿鲨是社会性动物，往往数以百计地聚集在一起

上摩擦身体侧面或腹部，人们猜测它们可能在"挠痒痒"，也可能是做给附近的另一条鲨鱼看的。还有一些鲨鱼会跃出水面，但人们并不知道它们为什么要这么做。鲨鱼的这些行为可能是为了迷惑猎物，可能是为了摆脱身上的寄生虫或鲫鱼之类的寄生物，可能是一种交流方式，也可能是对雄性竞争对手的一种威慑，甚至可能只是因为好玩儿。

鲨鱼的种种社交行为中最有趣的是它们面对人类的反应及做出的举动。大部分鲨鱼十分害羞，尽量避免与人类接触；但有些鲨鱼对潜水者很好奇，常常想要研究一下他们。有些鲨鱼可以接受潜水者近距离观察自己，有些鲨鱼则会进攻靠近自己的潜水者。实际上，人们对大多数鲨鱼的了解少之又少，和这些生物一同潜水有助于人们解开许多有关鲨鱼生物学和行为学的未解之谜。

鲨鱼研究

鲨鱼既迷人又令人恐惧，而人们对这些生活在海洋中的捕食者所知甚少。目前人们对鲨鱼的了解大部分源于解剖鲨鱼尸体以及观察圈养鲨鱼。大多数鲨鱼生活在深海，而且面对潜水者时小心翼翼，而如果潜水者用诱饵引诱它们靠近又往往会改变它们的习性，所以人们只能在有限的时间内观察它们。尽管困难重重，科学家们还是对鲨鱼进行了一些研究，揭开了这种常被误解的生物的神秘面纱。标志重捕法是科学家们最常用的研究方法。

标志重捕法

人们了解到的关于鲨鱼的大部分知识，比如鲨鱼的生长率、种群、生活史以及迁徙方式等都源于科学家们用标志重捕法对鲨鱼所做的研究。19 世纪 90 年代，标志重捕法最初被用于研究鸟类。到了 20 世纪 40 年代，科学家们发现这种方法对研究鲨鱼也十分有效，于是就用标志重捕法对澳大利亚南部的翅鲨进行了研究。科学家们将彼特森圆形标签（Petersen disc tag）固定在鲨鱼背鳍上，一段时间后重捕，通过标签了解鲨鱼的生长率和种群动态。由于这种固定在鲨鱼身体外部的标签经常遗失，所以科学家们也会使用内嵌式的内斯比特标签（Nesbit tag）为鲨鱼做标记：在鲨鱼身上切开一个小口，把标签嵌入鲨鱼身体中。曾有一条鲨鱼的内嵌式标签在身上保留了 42 年，这是目前历时最久的标签。

从那之后，还有多种体外标签（又名"无源标签"或"被动标签"）用于对不同种类的鲨鱼进行研究。不过，人们只有捕获鲨鱼，才能对其进行标记，对其进行测量、判定性别、拍照，并采集它们的血液和身体组织的样本用于 DNA 检测。为了收集信息，科学家们还要再次捕捉这些身上被安了标签的鲨鱼。而可能经过许多年，这些鲨鱼才会被重新捕获；而且，其中的许多鲨鱼人们可能再也无法找到了。尽管人们用这种研究方法可以收集到大量数据，但是这些体外标签无法告诉人们这些鲨鱼在再次被捕获前都经历了什么。况且，在被再次捕获前，大约 50% 的鲨鱼体外标签已经遗失。

近些年来，有更多种类的标签被用于追踪和研究鲨鱼，比如声学标签、档案标签（全称为"弹出式卫星档案标签"）和卫星标签（又名"电子标签"）。这些标签一般被固定在鲨鱼体外（有些被简单地嵌在鲨鱼的身体两侧，有些被固定在鲨鱼的背鳍上），也有一些被植入鲨鱼体内。其中最简单、造价最低的是声学标签，成功使用这种标签的关键在于监听站。监听站分布在海岸线沿线，每当身上有声学标签的鲨鱼游过时都会被记录下来。因此，不需要寻回标签就可以追踪鲨鱼的动态，获得有价值的数据。

卫星标签比较复杂，往往用于对鲨鱼的短期研究。由于无线电波无法在水中传播，所以这种

用于追踪噬人鲨的声学标签

用于追踪噬人鲨的声学标签

这条豹纹鲨背鳍上的标签已经被海藻覆盖

标签只能用于那些经常在水面活动的鲨鱼，如鲸鲨和噬人鲨。这些鲨鱼每次跃出水面，身上的标签就会向卫星发送位置信号，这有助于科学家们研究鲨鱼的迁徙行为。

　　档案标签则更为复杂、精密，可用于记录鲨鱼的移动路线、所处的深度及水温。大部分档案标签为体外标签，在一定的时间后会自动脱落，但也有一些档案标签需要人们重新捕获鲨鱼才能被取下来。

　　虽然人们通过标志重捕法获得了很多有价值的研究成果，但用这种方法研究鲨鱼，大多需要两次捕放鲨鱼，而且把标签嵌入鲨鱼皮肤中，可能造成鲨鱼皮肤感染，并且许多标签可能丢失或被海藻污染。近年来，科学家们也在积极地寻找其他的研究方法，所幸发现可以通过每条鲨鱼独特的标记来区

分它们，比如鲨鱼身上的图案、疤痕、斑点以及反荫蔽等。

斑点图案研究法

许多鲨鱼身上有斑点图案，这些斑点图案像人类的指纹一样具有唯一性。锥齿鲨是最早被研究身上斑点图案的鲨鱼。由于锥齿鲨在澳大利亚东海岸濒临灭绝，研究人员通过潜水者拍摄的这些鲨鱼身上独特的斑点图案，来了解它们的种群和移动规律。在南非，也有研究人员以类似的方式研究锥齿鲨。斑点图案研究法还用于区分、识别鲸鲨和豹纹鲨。此外，人们也用类似的方法对噬人鲨体表独有的颜色和疤痕进行研究。

根据目前的研究成果，人们可以断定鲨鱼是海洋中十分复杂的生物。关于鲨鱼，还有广阔的未知世界待我们去探索。

每条锥齿鲨身上的斑点图案都不完全一样。这些斑点图案好比人类的指纹，是每条锥齿鲨独有的标志，可作为人们辨识不同的锥齿鲨的依据

鲨鱼面临的威胁

在全世界范围内，渔民捕捞鲨鱼的历史长达数千年。以前鲨鱼捕捞量还比较小，但进入 20世纪，大型商业捕鱼行为出现，再加上鲨鱼的生长速度慢、繁殖能力较差，导致鲨鱼数量急剧减少。如今，许多鲨鱼已经濒临灭绝。

传统渔业

世界上许多沿海居民都有以鲨鱼为食的传统。大多数鲨鱼被作为食物捕捞，鲨鱼皮、鲨鱼牙齿及鲨鱼肝油也在人们的生活中发挥着作用。粗糙的鲨鱼皮被用作砂纸、被用来包裹剑柄或者被制成鲨鱼皮革；鲨鱼牙齿被用来制成武器、珠宝或特殊的装饰品；而鲨鱼肝油富含维生素 A 及维生素 D，以前还常被人们做成润滑油和灯油。不过在 20 世纪以前，传统渔业对鲨鱼种群数量的影响微乎其微。

墨西哥下加利福尼亚的一条东太平洋绒毛鲨因误入刺网而丧命

许多鲨鱼成为兼捕渔获物，这条翅鲨就是渔民在墨西哥的下加利福尼亚捕捞加州比目鱼时的兼捕渔获物

一条短尾真鲨仅仅因为人类的娱乐消遣，而被毫无意义地杀害

濒临灭绝的锥齿鲨经常被渔民的鱼钩钩住。它们可以在口周带着鱼钩的情况下存活下来，但一旦鱼钩进入胃部，它们就会因为感染败血症而死亡

捕鲨食肉

第一次工业革命后，蒸汽轮船问世，渔船作业变得更加高效，鲨鱼的捕捞量增大。不过，当时人们只对几种鲨鱼进行商业捕捞，皱唇鲨便是捕捞的主要目标。自20世纪20年代以来，皱唇鲨被大量捕捞，鱼肉被片成薄片，用作澳大利亚非常受欢迎的"炸鱼薯条"的原料。如今，皱唇鲨数量骤减，人们呼吁保护皱唇鲨，严禁过度捕捞，防止其灭绝。还有一些鲨鱼也被摆上了人类的餐桌，比如澳大利亚的须鲨、冰岛的小头睡鲨，以及生活在欧洲其他海域的角鲨、猫鲨、姥鲨及鼠鲨。无论如何，我们并不推荐食用鲨鱼肉，因为鲨鱼处于海洋食物链的顶端，肉中往往含有大量汞和其他重金属。

一袋袋切碎的翅鲨被放在澳大利亚塔斯马尼亚岛的一座码头上，将被放入虾笼中

各种鲨鱼被摆放在迪拜的鱼市上出售

渔民在墨西哥科特斯海用延绳钓法捕获的太平洋斜锯牙鲨

海滩防鲨网和鼓线

20 世纪 30 年代，在澳大利亚发生了另一种威胁鲨鱼生存的情况。由于当时澳大利亚新南威尔士州发生了多起鲨鱼袭击人类的事件，州政府于 1937 年决定在悉尼的热门沙滩布网。人们把每张宽 6 m、长 150 m 的网立起来连成一排，与海岸线平行放置。网的下端被固定在海底，整张网浸在海中，拦截漂向沙滩的所有物体，这些网被称为"防鲨网"。实际上，这些网根本不能阻止鲨鱼靠近在浅海游泳的人，反而成为鲨鱼返回深海时的障碍。政府当时这样做的主要目的是捕杀鲨鱼从而减少鲨鱼的数量，这种方法的确奏效了，在十几年中，这些防鲨网让数以千计的鲨鱼和其他许多海洋生物丧命。鲨鱼数量大幅减少，鲨鱼袭击人类的事件也明显减少，这让很多人觉得这个方案取得了巨大的成功。20 世纪 50 年代，新南威尔士州的其他地区、昆士兰州及南非的海滩都布上了这种防鲨网。

从 20 世纪 50 年代起，相关机构开始记录有关鲨鱼捕捞的数据。据记载，从 20 世纪 50 年代到 20 世纪 90 年代，新南威尔士州的防鲨网夺去了将近 1 万条鲨鱼的生命。而昆士兰州的记录更为惊人，仅在 1962~1978 年，防鲨网就夺走了 20 500 条鲨鱼的生命。实际上，绝大多数（大约 69%）因防鲨网而丧生的鲨鱼对人类无害，比如须鲨、扁鲨、波氏虎鲨及小型双髻鲨。除此之外，许多其他海洋生物也因防鲨网丧生，包括 40 889 条鳐鱼、2 654 只海龟、317 头海豚和 468 头儒艮。

目前，澳大利亚昆士兰州的部分防鲨网已经被质地较轻、伤害较小的鼓线所代替。这些鼓线浮鼓下有带诱饵的钩，对捕获危险的大型鲨鱼十分有效，不会大量伤害其他海洋生物。在经历了一系列鲨鱼袭击事件后，2014 年澳大利亚西澳大利亚州为了防鲨也在周边海域设置了鼓线。然而，由于公众的抗议和环保局的建议，这些鼓线很快就被拆除了。

全球环保机构已经提出了许多意见和建议，希望停止使用防鲨网和鼓线。但事实上，防鲨网和鼓线仍然存在：一方面，政府害怕遭到沙滩运营者的抵制；另一方面，公众仍对鲨鱼怀有恐惧心理。

割鳍弃鲨

无论是在网捕还是在垂钓的过程中，鲨鱼都常常成为兼捕渔获物。通常来说，渔民认为闯入渔网的鲨鱼是累赘，会把它们重新放回大海。不过，不少亚洲渔民如果遇到同样的情况，会割下鲨鱼的鳍，用作鱼翅汤的食材。鱼翅汤的精华就是鲨鱼鳍中那些细丝状的软骨，鱼翅汤被一些人视为美味，但鲨鱼鳍本身没什么味道。很多人一度认为鱼翅产业是一个很小的产业，因为切除鲨鱼鳍十分麻烦，从中获得的利润也十分微薄。

然而进入 20 世纪 80 年代后，随着亚洲经济的增长，人们对鱼翅的需求大涨。当时 1 kg 的干鲨鱼鳍可以卖到 100 美元，而鲨鱼肉却不怎么值钱。由于鲨鱼鳍利润很高，很多渔民割鳍弃鲨：所有被捕获的鲨鱼都被割了鳍，而被割掉鳍的鲨鱼又被丢回大海。那些被割掉鳍的鲨鱼重回大海后只能缓慢而痛苦地等待死亡。

那时，许多渔民很快就意识到捕捞鲨鱼比捕捞普通鱼类获利多得多，这让鲨鱼从原来的兼捕渔获物变为主要捕捞对象，渔民将目标锁定为所有他们能够捕获的鲨鱼。截至 20 世纪 80 年代末，每年约有 1 亿条鲨鱼被捕杀，大量鲨鱼鳍被卖到了中国。自那时起，全球鲨鱼数量骤减，鲨鱼的捕捞量也逐渐减少，鲨鱼鳍的价格更高了。

之前出台的禁止割鳍弃鲨的规定遭到捕鱼业从业人员的阻挠。虽然许多国家相继出台了针对鱼翅产业的禁令，要求保持鲨鱼的完整性，但仍有大量黑市存在，许多鲨鱼的种群数量减少了90%，有些鲨鱼已被列入《濒危野生动植物种国际贸易公约》（CITES）的附录名单。但由于鱼翅的需求量巨大、价格高昂，以及大量非法捕捞活动的存在，鲨鱼还会被捕杀，只有人们对鱼翅的需求量大幅减少或鲨鱼灭绝，鲨鱼捕杀行为才可能减少或停止。

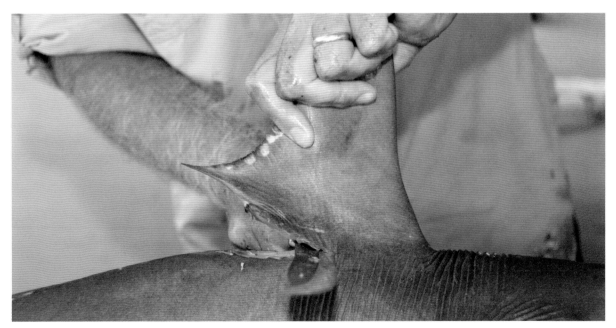

割鳍弃鲨这种非常残忍的行为导致全球鲨鱼数量骤减

鲨鱼保护

全世界范围内的鲨鱼数量正急剧减少，我们可以采取哪些措施来拯救海洋生态系统中的这些重要成员呢？

一些国家（如巴哈马、马尔代夫、帕劳等）已经对自己领海海域内的鲨鱼进行了全面的保护，但仍有许多国家视鲨鱼为危险动物，尚未对它们采取足够的保护措施。但是，仅仅提出保护鲨鱼并没有多大的作用，针对澳大利亚东海岸的锥齿鲨的研究结果就证明了这一点。

1984 年，澳大利亚新南威尔士州将锥齿鲨列为保护动物，这是全世界保护鲨鱼的首项举措。在那之前的几十年，由于被大量捕捞，锥齿鲨数量急剧减少。按常理来讲，当时把锥齿鲨列为保护动物应该是保护鲨鱼的一项重要举措。然而，政府并没有同时将锥齿鲨的主要栖息地列为保护区，因此渔民还继续出入那些栖息地捕捞鲨鱼。尽管当时被捕捞到的锥齿鲨大多数被放生了，但是因为鱼钩进入胃中，那些锥齿鲨还是难逃死亡的命运。另外，在锥齿鲨被列为保护动物的同时，有些渔民依旧在捕杀锥齿鲨，有的甚至仅仅是为了获取锥齿鲨的鳍。2002 年，澳大利亚新南威尔士州终于将锥齿鲨的 10 大主要栖息地也列为保护区，但不可思议的是，只要渔民不在保护区内抛锚泊船，政府依旧允许渔民进入保护区。因此，保护区内的锥齿鲨依然会因吞入鱼钩而死亡。

其他一些国家也采取了一些临时保护措施，尤其是针对割鳍弃鲨的问题。许多国家，比如美国，已经明令禁止鱼翅交易。有些国家则允许某些特定种类的鲨鱼的鱼翅交易存在，只要这些鲨鱼在被割鳍后不会被丢回大海。但是，只要任何一种鲨鱼的捕捞行为是被允许的，相关区域内的所有鲨鱼就都处于危险中，无论其是否已被列入保护名单。因为鱼钩不长眼睛，无法分辨哪些鲨鱼是受保护的，渔民往往也无法准确分辨鲨鱼的种类。

虽然某些国家或地区已经将鲨鱼及其栖息地列入保护名单，但依然收效甚微，因为没有采取强制措施来惩戒违法行为。往往是在鲨鱼数量大幅减少后，那些在保护区内捕捞鲨鱼的渔民才会被绳之以法。再加上许多鲨鱼有迁徙行为，它们一旦离开保护区，就会遭到捕杀。

显然，我们不仅需要对鲨鱼及其栖息地进行更好的保护，更需要严格执法。然而不幸的是，也许直到人们不再喝鱼翅汤，鲨鱼数量才有可能停止减少。

我们普通人能做些什么来保护鲨鱼呢？首先就是拒绝鱼翅汤，绝不光顾那些售卖鱼翅的餐厅和商家，并且让餐厅和商家知道你为什么这样做。不购买鲨鱼牙齿、鲨鱼颌骨，以及含有鲨鱼油或者

目前，噬人鲨已被许多国家列为保护动物。但不幸的是，在法律完善之前，仍有许多噬人鲨被捕。图中就是一条被澳大利亚渔民残忍杀害的噬人鲨

鲨鱼软骨的保健品。以前人们认为鲨鱼不会罹患癌症，然而事实并非如此。但商家利用鲨鱼不会患癌症这样的噱头来售卖鲨鱼产品，因此大众接受教育和获得正确的知识才是拯救鲨鱼的关键。

许多鲨鱼保护组织，比如鲨鱼拯救者（Sharks Savers，www. sharksavers.org）、海洋守护者（Sea Shepherd，www.seashepherd.org）、鲨鱼基金会（Shark Trust，www.sharktrust.org）以及支持鲨鱼（Support Our Sharks，www.supportoursharks.com）正在努力实施保护鲨鱼的措施。这些鲨鱼保护组织教育人们不食用鱼翅汤，鼓励饭店不售卖相关产品。此外，这些鲨鱼保护组织还和政府展开合作，力求更好地保护鲨鱼。虽然鲨鱼保护组织获得了一定的成功，但是在保护鲨鱼的道路上，仍然面临许多挑战。

鲨鱼喂食活动

　　大部分鲨鱼面对潜水者时十分害羞，因此，潜水者要想近距离观察、拍摄及研究鲨鱼很困难。很久以前潜水者便发现，可以通过给鲨鱼喂食来让鲨鱼靠近自己，直至它们享用完食物。然而，给鲨鱼喂食是一个很敏感的话题，有人支持，有人反对。

　　人类直接或者间接给鲨鱼喂食的行为已有数千年历史。鲨鱼会食用人类倒入海洋中的垃圾，也会尾随渔船，只为得到一些残羹剩饭或渔民的兼捕渔获物。真鲨之所以也被称为"安魂鲨"，是因为它们习惯尾随渔船、吃渔民丢弃的残羹剩饭，那真的好似早些年间水手们海葬的场景。另外，垂钓者有时候会发现他们的一些渔获物被鲨鱼咬掉了一半，因此要随时警惕鲨鱼偷食渔获物。

我们很难在野外环境中看到鼬鲨，它们面对潜水者时十分胆怯，但还是会被吸引到一些鲨鱼喂食点

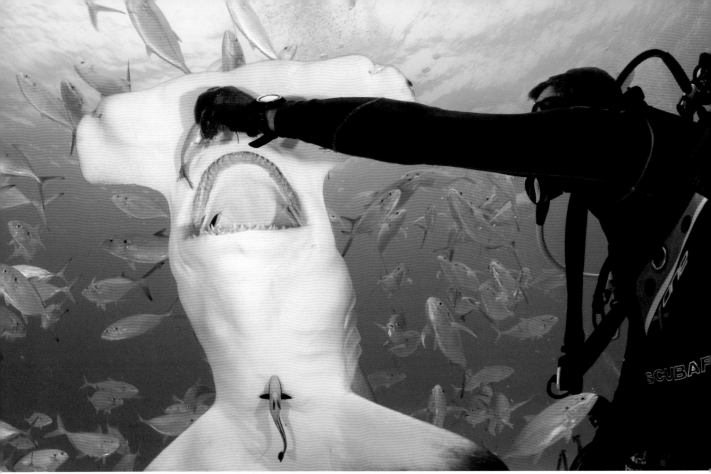

像上图这样徒手给无沟双髻鲨喂食应该由专业人员来做，因为偶尔会发生鲨鱼咬伤喂食者手的事件

最初，给鲨鱼喂食是水下摄影师为了用镜头捕捉这些"食人者"的特定动作而采取的方式。很快，潜水中心从中发现了商机，开发了鲨鱼喂食这项付费服务。现在，全世界很多潜点都流行鲨鱼喂食活动。潜水者愿意花费数千美金，只为近距离地观看鲨鱼喂食的过程。

给鲨鱼喂食并非简单地将诱饵放入水中等待鲨鱼靠近。如何吸引不同种类的鲨鱼前来是一件充满艺术性和科学性的事情。礁鲨最容易被食物吸引，它们大多有固定的生活区域，一般生活在特定的礁石附近。一旦被喂食了几次，礁鲨就会掌握规律，定时等待渔船和食物再次到来。大型巡游鲨则不同，人们要想接近它们就要用诱饵引诱它们。

诱饵通常是用鱼血、鱼油和碎鱼肉做成的，人们从船上把诱饵倒进海里，诱饵顺着水流分散开来。循着这些可口的小食，鲨鱼就会找到诱饵的源头。这种方法可以吸引噬人鲨及其他一些远洋鲨。通常来说，要想吸引这些鲨鱼并不需要喂食，用诱饵就够了。

在南非阿利瓦尔浅滩的一个鲨鱼喂食点，潜水者被黑边鳍真鲨环绕

　　专业的鲨鱼喂食活动组织有序，对鲨鱼和潜水者来说都更加安全。然而，少数地区禁止这种活动，包括澳大利亚和美国的一些地区。

　　无论是为了研究还是为了娱乐，我们到底该不该给鲨鱼喂食？一些人认为，这么做会让鲨鱼把食物与人类联系在一起，会导致更多的鲨鱼攻击人类。这种说法并没有依据。研究表明，鲨鱼十分聪明，它们会将喂食者视为食物的供给源，而非食物本身。鲨鱼会吃掉人们手中的食物，但很少会攻击人们的手。吃完投喂的食物，鲨鱼就会游走，去寻找它们的猎物。鲨鱼喂食活动在远离游泳者和冲浪者的区域进行，不会威胁到其他在水中娱乐的人。那些捕捞鲨鱼的人才会对游泳者和冲浪者造成更大的威胁，因为他们往往在热门沙滩附近捕捞鲨鱼。

　　还有一些人认为，鲨鱼喂食活动会改变鲨鱼的自然行为。我很认同这个观点。在许多鲨鱼喂食点，鲨鱼一旦发现停泊的船只，就会赶紧游到船旁，它们显然已经将停泊的船只和"免费的食物"

在斐济贝卡潟湖比斯特罗（The Bistro）的一处鲨鱼喂食点，一条白边鳍真鲨得到了一个鱼头

画上了等号。鲨鱼也会将拖网渔船和其他渔船与"免费的食物"联系在一起，因为它们经常吃到被渔民从船上扔回海中的兼捕渔获物。然而，直接或间接喂食活动提供给鲨鱼的食物对鲨鱼来说只是零食，一旦吃完这些食物，鲨鱼就会分散开来继续自己的自然活动。相较于鲨鱼喂食活动，持续不断的过度捕捞才是鲨鱼及其他鱼类的数量大幅减少的主要原因，更是严重破坏了鲨鱼的行为模式。

　　鲨鱼喂食活动带来的一个巨大的好处就是：人们认识到鲨鱼可以带来经济利益，发现鲨鱼活着比死去更有价值。马尔代夫、帕劳和巴哈马等国家已经对鲨鱼采取了全面的保护措施。鲨鱼喂食活动在巴哈马十分流行，这项活动每年大约可为该国贡献超过 7 800 万美元的经济效益。

　　鲨鱼喂食活动带来的好处远远多于坏处。目前，人们对鲨鱼这种生物的了解仍然少之又少，通过给鲨鱼喂食，人们可以进一步了解它们。

鲨鱼袭击事件

大多数人对鲨鱼感到恐惧，认为它们是海洋中丧心病狂的杀人狂魔，一直伺机袭击遇到的人类。然而，只要亲身接触过鲨鱼，人们就会明白这种想法是错误的。人们之所以会这样想，完全是由一些电影以及一些媒体无知的宣传造成的。鲨鱼是健康的海洋环境中不可或缺的重要成员，它们对捕食人类毫无兴趣。鲨鱼袭击人类的大多数原因是它们想试探一下，看看出现在它们面前的到底是什么，或是捕食猎物时不小心咬到了人类。

事实上，鲨鱼袭击人类的事件很少。每年只有几十起鲨鱼咬伤人类的事件发生，平均每年5人因此而死亡。如此说来，相较于鲨鱼，狗、牛、蚊子、蛇以及掉落的椰子更值得人类恐惧，因为它们每年会造成更多的人死亡。本书的核心内容是与鲨共潜，接下来我们来看一看潜水者面对鲨鱼时真正的风险是什么。

大多数鲨鱼袭击事件发生在浑浊的浅海区，被鲨鱼咬伤的往往是游泳者和冲浪者。被鲨鱼咬伤的潜水者少之又少，潜水者遭遇的鲨鱼袭击大部分与渔猎活动有关。大多数情况下，鲨鱼只是想拿走自己猎捕到的鱼，但是如果潜水者手中拿着鱼或者离鱼很近，那么鲨鱼也有可能咬到潜水者。

水中没有诱饵时，潜水者和噬人鲨、鼬鲨这类看起来很凶猛的鲨鱼相遇的时间会十分短暂，这类鲨鱼只会在潜水者周围游动并快速地扫一眼潜水者，因为潜水者不是它们的捕猎对象。它们只是将潜水者视为一种不同于自己的大型捕食者，所以它们看一看眼前的潜水者就会离开。每年都有数千名潜水者说自己与那些看似危险的鲨鱼们相遇了，但大多数人是在抱怨鲨鱼离他们不够近，他们甚至来不及拍下一张照片！

毫无疑问，如果人们在鲨鱼喂食活动中使用诱饵，大型鲨鱼对人们造成的威胁就会大大增加。在专业的鲨鱼喂食活动中，鲨鱼咬人的情况罕见，但偶尔也会发生，尤其是在人们疏忽大意、不遵守活动规则时。

鲨鱼喂食活动一般在海底或开放水域进行，有时候由潜水者亲自喂食，有时候喂食者把食物放入盒中或冷冻成块状由鲨鱼自行进食。喂食的方式虽不一样，但各有风险。喂食活动的组织者会向潜水者详细介绍每一种喂食方式，确保潜水者尽可能收获最好、最安全的喂食体验。喂食时，潜水者应该穿好全套潜水服，戴好潜水帽，戴上手套，确保没有皮肤暴露在外面。喂食时不要挥

一名渔民为了给在澳大利亚布里斯班死去的冲浪者复仇杀死了这条噬人鲨。虽然有目击者证实袭击那名冲浪者的是一条鼬鲨而非这条噬人鲨，但这并没能改变这条可怜的噬人鲨惨遭屠杀的命运

图中的短吻柠檬鲨张大嘴巴，像在攻击水下摄影师，实际上它是在捕食猎物。而摄影师唯一需要担心的是昂贵的相机防水壳可能会被划伤

手，以防鲨鱼把手误认为食物。潜水者要紧跟队伍，不可与其他潜水者分开。

在海底沙地或礁石处给鲨鱼喂食往往最安全，潜水者可以跪在海底或在海底稍事休息。看清眼前很重要，但潜水者也要时刻对四周保持警惕。

潜水者一般不用担心鲨鱼会从自己身后偷偷摸摸地靠近，但是诱饵可能惹麻烦。曾经发生过潜水者因为离诱饵太近而被鲨鱼咬到的事件。但这种情况很少发生，因为大多数鲨鱼喂食活动的工作人员会看管好诱饵，并同时关注鲨鱼和潜水者，确保一切都在掌控之中。在海洋中给鲨鱼喂食时，工作人员并不容易掌控各种情况，因此潜水者自己要非常小心，要关注自己周围的诱饵和鲨鱼的情况。初级潜水者要掌握控制中性浮力的技能，这样才不会沉底或像悠悠球一样浮浮沉沉。潜水者要保持身体竖直，还要和另一名潜水者背靠背活动，这样就不用担心鲨鱼从身后袭击自己。在海洋中，鲨鱼可能来自任何方向，所以要对自己的四周保持警惕。虽然鲨鱼一般只对诱饵感兴趣，但有些远洋鲨，如长鳍真鲨和大青鲨好奇心很强，有可能咬潜水者一口，仅仅是为了搞清楚自己面前的到底是什么。

喂食活动中面临最大风险的就是给鲨鱼喂食的人。虽然鲨鱼很快就会习惯并懂得喂食的流程，但有些鲨鱼在获取食物时可能因过度激动而导致意外状况发生。所以，许多喂食者都会身着防鲨服，以免被鲨鱼咬伤。

水下摄影师被鲨鱼咬伤的风险也比较大，这是因为他们的注意力主要集中在小小的取景器上，往往忘记关注周围的情况。千万不要因为专注于拍摄而忘记自己身处何地。要随时放下相机环顾一下周围，尽情体会神奇的鲨鱼在你四周巡游的美妙感觉。

斑纹须鲨虽然看起来一副"无公害"的样子，但实际上会咬试图拍它们的潜水者

在鲨鱼喂食活动中，潜水者被鲨鱼咬伤的情况实属罕见。在每年发生的咬伤事件中，咬伤人的鲨鱼多为那些看起来无害的底栖鲨。除了扁鲨和须鲨外，大多数底栖鲨的牙齿很小，性格十分温顺。扁鲨和须鲨的牙齿如匕首般尖锐，它们毫不畏惧潜水者。当潜水者离它们太近或者用手抚摸它们时，它们一般会游走，远离潜水者，但也可能有一两条张嘴咬过来。通常来说，扁鲨会快速地咬一口就游走，而须鲨则会紧紧咬住不松口。所以，潜水者时时刻刻都要尊重这些鲨鱼。

事实上，相较于被鲨鱼袭击，潜水者更需要担心的是与其他的潜水者相撞、被水流冲击、患减压病以及晕船等情况。

与鲨同潜

　　没有什么比在水下第一次和鲨鱼邂逅更令人兴奋的了。很多人可能一辈子都觉得鲨鱼是一类令人害怕的生物，不过也有一些人就梦想着能在深海遇见这些庞大的捕食者。然而无论如何，在水中与鲨鱼的相遇往往与大家想象的画面或者与之前听说过的恐怖场景相去甚远。和鲨鱼相遇的过程大多十分短暂，因为它们只是在礁石周围进行日常巡游，而且大部分鲨鱼都很害羞、警惕，常远离潜水者，除非周围有诱饵诱惑它们。如果潜水者足够幸运，可能遇到鲨鱼近距离观察自己的情况。总之，对大多数人来说，第一次与鲨鱼相遇的经历一定令人无比激动，甚至可能因此改变他们的一些观念和行为。

　　与鲨同潜并不是每个人的梦想，但是潜水者只要亲眼见到这些外形呈流线型的优雅生物，并且

和埃氏宽瓣鲨这种小型鲨鱼一同潜水也是件很有意思的事情

真切地相信它们并不想吃人类，很快就会将与鲨同潜定为自己潜水之旅的重要目标。虽然探索色彩斑斓的珊瑚礁，探寻沉船残骸，追寻海龟、友善的鱼类和其他礁石类生物都趣味横生，但是与鲨同潜的体验却尤为特殊。尽管一些潜水者愿意让自己与鲨鱼的相遇来得更偶然些，但是那些对与鲨同潜上瘾的人会为了看到鲨鱼而特意制订潜水计划、预订潜水行程。

与鲨鱼的每次相遇都是独一无二的，因为不同种类的鲨鱼的行为、习性各不相同。即使是同一种鲨鱼，它们也会因为环境、自身的个性以及之前遇见潜水者的经历而对潜水者做出不同的反应。为简单起见，我们将鲨鱼分成两种——喜欢自由游动的巡游鲨和喜欢在海底栖息的底栖鲨。

在礁石周围及海水中层游动的大多是巡游鲨，它们中的绝大多数都对潜水者小心翼翼，其中包括很多人们认为很危险的种类。潜水者与这些巡游鲨的相遇往往非常短暂，它们会和潜水者保持距离，并且很快就会消失在深蓝色的海水中，除非用诱饵诱惑它们靠近并让它们一直保有兴趣。

在巴哈马比米尼沙滩的一处鲨鱼喂食点，一条大双髻鲨在潜水者之间游来游去

潜水者想看的鲨鱼大多是巡游鲨，包括噬人鲨、鲸鲨、鼬鲨、低鳍真鲨、锥齿鲨以及双髻鲨等。与这些鲨鱼同潜令人心潮澎湃、肾上腺素飙升。大多数大型巡游鲨是鲨鱼喂食活动中的"明星"，因为它们比它们的兄弟——底栖鲨更显眼。

底栖鲨就是在海底栖息的鲨鱼，有时它们也会游到开放水域，但更喜欢隐藏在洞穴中、石缝里或沙子下。尽管有一些底栖鲨对吐着泡泡的潜水者十分警惕，但其实这类鲨鱼更容易接近。不过，许多底栖鲨都很难被发现，因为它们是大型鲨鱼及其他捕食者的捕食目标，所以十分擅长隐藏自己。底栖鲨大多体形细长或者扁平，而且身上大多有伪装性图案，因此潜水者很难发现它们。

和底栖鲨同潜也乐趣非凡。底栖鲨包括豹纹鲨、须鲨、虎鲨、扁鲨、斑竹鲨及猫鲨等。潜水者和底栖鲨相遇时可能不会像见到巡游鲨那样肾上腺素飙升，但是底栖鲨更难见到，找到它们需要花费更多的精力，所以能够遇见它们本身就是一件令人兴奋的事情。

最后，有一个小小的提醒：与鲨同潜真的会让人上瘾。潜水者一旦开始研究鲨鱼这种美妙的生物，对着它们拍照，和它们同游，接下来就会希望遇见更多的鲨鱼。

和锥齿鲨同潜十分美妙。它们看起来狡猾又凶险，但实际上温顺而无恶意

发现水中有诱饵时，尖吻鲭鲨会变得异常兴奋，它们会冲撞照相机、船只和潜水者，但很少张口咬人

鲨鱼种类
及观赏地

虽然人类目前发现的鲨鱼超过500种，但还有许多物种等待我们去探索和发现。潜水者接触到的鲨鱼只是鲨鱼中很小的一部分，因为鲨鱼大多生活在潜水者难以到达的深海或浑浊的入海口。接下来，我们将以"科"为单位介绍一些潜水者最有可能见到的鲨鱼，具体介绍时会涉及每种鲨鱼的体形、大小、分布区域以及与每种鲨鱼相遇的最佳潜点等。我们还会介绍和每种鲨鱼共潜所需的相关信息，包括每种鲨鱼和潜水者在一起时的状态、鲨鱼面对潜水者时的反应，以及接近鲨鱼并体验"完美相遇"的小技巧。

六鳃鲨科 COWSHARK

FAMILY HEXANCHIDAE

在大型鲨鱼中，人们一直认为六鳃鲨科鲨鱼十分原始，因为这些鲨鱼有 6~7 对鳃裂，而其他现代鲨鱼都只有 5 对鳃裂。从化石上看，在过去的 2 亿年间，六鳃鲨科鲨鱼似乎没有发生什么变化；它们头部圆润，好像一直在微笑；只有一个背鳍，背鳍位于身体后方靠近尾巴处。目前，全世界已知的六鳃鲨科鲨鱼共 4 种，它们分布在热带和温带海域。

人们对六鳃鲨科鲨鱼的生物学及习性的了解非常有限。雌鲨在妊娠期会将卵鞘一直留在子宫内，直到胚胎孵化离开母体，一胎产很多幼鲨，有时甚至多达 100 多条。六鳃鲨科鲨鱼以大型生物为食，包括其他鲨鱼、鳐鱼、硬骨鱼、海豹及甲壳动物，也食用腐肉。六鳃鲨科的大部分成员生活在水深 100~2 000 m 的深海，但也有 2 种可能进入浅海，潜水者有可能发现它们的身影。

与鲨共潜

这类体形庞大、行动缓慢的鲨鱼对潜水者往往无害，但是一旦发现水中有诱饵，它们就会变得极具攻击性，甚至会咬伤潜水者。它们是伏击型捕食者，会以超常的速度捕食，有时会吓到潜水者。目前潜水者遇到的六鳃鲨科鲨鱼有 2 种：一种是并不常见的灰六鳃鲨，它们和潜水者的相遇大多十分短暂；另一种是扁头哈那鲨，它们在浅海更为常见，并且一旦习惯了水中的潜水者，就会大胆地游向潜水者并仔细地观察，这时就是潜水者拍摄这些长相怪异的大家伙的绝佳时机。

灰六鳃鲨 BLUNTNOSE SIXGILL SHARK (*Hexanchus griseus*)

灰六鳃鲨体形庞大，体长可达 4.8 m。顾名思义，它们有 6 对鳃裂；此外，它们还有圆润的吻和一双荧光绿色的眼睛。灰六鳃鲨遍布世界各地的热带和温带海域，一般生活在深达 2 000 m 的大陆架上，偶尔会在夜间冒险进入浅海。在某些海域的浅水区，潜水者白天也可能见到它们。

在哪里可以遇见它们

除非你有可以潜入深海的潜水器，否则邂逅灰六鳃鲨的最佳地点是加拿大和美国的太平洋西北海岸。潜水者曾在美国华盛顿州和加拿大温哥华岛之间的几个潜点见到过灰六鳃鲨，但它们是否会出现无法预判。自2010年以来，每年夏天，潜水者都能在温哥华岛西海岸的巴克利湾见到它们。它们以前还常出现在华盛顿州的普吉特湾，但现在那里的六鳃鲨似乎已经迁徙到了别处。

扁头哈那鲨 BROADNOSE SEVENGILL SHARK (*Notorynchus cepedianus*)

扁头哈那鲨栖息在世界各地的温带海域，但在北半球的活动范围有限（比灰六鳃鲨的活动范围小）。它们体长可达 3 m，体表散布着或暗或亮的斑点。它们体形庞大，饮食口味多样——从章鱼到硬骨鱼，从海豹到其他鲨鱼，无不是它们的盘中餐。潜水者曾在水深 135 m 的地方见到它们。为了搜寻食物或达到其他目的，它们也会进入浅海。

在哪里可以遇见它们

以前人们很难遇见扁头哈那鲨。但在最近的10年，潜水者有时能遇到它们。南非开普敦附近的福尔斯湾是扁头哈那鲨的聚集地，也是潜水者遇见它们的最佳地点。虽然在一年里的任何时候，潜水者在福尔斯湾都可以见到十几种鲨鱼，但当年的11月至次年的5月，那里的海水清澈平静，最适合潜水。其他可能遇见扁头哈那鲨的地点还有：美国加利福尼亚州的拉霍亚海湾、新西兰的峡湾区、阿根廷的布斯塔曼特湾以及澳大利亚墨尔本附近的海域。

角鲨科 DOGFISH SHARK
FAMILY SQUALIDAE

角鲨科鲨鱼大部分生活在深海，因此潜水者能够遇到的比较少。全世界目前已发现的角鲨科鲨鱼有 30 多种。它们通常吻较短，眼睛很大，牙齿呈小锯齿状，没有臀鳍，背鳍长有硬棘。角鲨科不同的鲨鱼硬棘的区别比较明显：有的很大，有的很小，但都含有毒性轻微的毒液。角鲨科鲨鱼往往体形较小，体长为 1~2 m，时常集群捕食，它们的猎物种类多样，包括鱼类、章鱼、鱿鱼、螃蟹及蠕虫等。

角鲨科鲨鱼的繁殖方式为卵胎生，雌鲨一胎产 1~30 条幼鲨。角科鲨的雌鲨妊娠期最长，可达 12~24 个月。这种小型鲨鱼是渔业捕捞的目标，因此在很多地区的数量不断减少。目前，人们对角鲨科鲨鱼的生物学及习性了解得并不多。

与鲨共潜

角鲨科鲨鱼往往对潜水者充满好奇，喜欢与潜水者一同游动。在没有诱饵的情况下，它们如果看到潜水者会游过来看看，很快就会游走。如果有诱饵吸引，它们则会聚集在潜水者周围，这时候潜水者就可以近距离地观察和拍照了。总体来说，角鲨科鲨鱼没有危险性，但潜水者要小心它们背鳍前端尖锐的硬棘。

白斑角鲨 SPINY DOGFISH (*Squalus acanthias*)

　　白斑角鲨是角鲨科中最常见、分布最广的一种鲨鱼，也是人们公认的数量最多的一种鲨鱼。它们遍布除北太平洋以外的温带海域，喜爱温带海域的凉爽感，会因水温的变化而迁徙，通常在水深 900 m 的海域活动，大多栖息于沙质海底。白斑角鲨体长一般可达 2 m，体表通常呈灰色或棕色，背部散布着白色小斑点，寿命可达 70 年左右。

在哪里可以遇见它们

　　虽然白斑角鲨数量较多、分布广泛，但这并不意味着在它们活动范围内的任何地方潜水者都有和它们偶遇的机会，实际上潜水者能够见到它们的地点和遇见它们的机会并不多。不过，在美国罗得岛附近，潜水者可以遇到它们。在美国罗得岛潜水的最佳季节是夏季，因为那个时候遇见白斑鱼鲨的概率最大。潜水者需要用一些诱饵引诱这种小型鲨鱼，幸运的话，可以看到50条甚至更多的白斑角鲨。

法氏角鲨 PACIFIC SPINY DOGFISH (*Squalus suckleyi*)

法氏角鲨和白斑角鲨外表十分相像，因此很长一段时间以来它们都被认为是同一种鲨鱼，但最新研究表明它们是两种鲨鱼。法氏角鲨生活在北太平洋的温带海域，也就是没有白斑角鲨的海域。法氏角鲨体长约 1.6 m，经常会有大型集群行为。

在哪里可以遇见它们

潜水者常于夏天在美国西雅图北部和加拿大温哥华岛附近与法氏角鲨相遇，有时也会在加拿大的萨尼奇湾和坎贝尔河附近见到法氏角鲨。为了吸引数十条甚至上百条法氏角鲨，必须准备好诱饵。加拿大奎德拉岛的鲨鱼喂食活动非常有吸引力，每年的7、8月，潜水者都可以在那里看到大量法氏角鲨。

睡鲨科 SLEEPER SHARK

FAMILY SOMNIOSIDAE

　　睡鲨科和角鲨科的鲨鱼是近亲，它们都属于角鲨目。睡鲨科鲨鱼生活在全球范围内的深海，人们对该科18种鲨鱼的了解少之又少。睡鲨科和角鲨科的鲨鱼身体特征大体相同，鳍都很小且没有臀鳍，但是前者的头形宽而扁。睡鲨科的有些鲨鱼背鳍前端长有短小的硬棘，有些则没有。它们的繁殖方式是卵胎生，雌鲨一胎可产4~60条幼鲨。睡鲨科鲨鱼上排牙齿呈针状，下排牙齿则呈刀片状，以硬骨鱼、鲨鱼、鳐鱼、鱿鱼及章鱼为食，有些还捕食海洋哺乳动物。潜水者目前只见过睡鲨科的一种鲨鱼，即非常奇怪的小头睡鲨（又名"大西洋睡鲨"）。

与鲨共潜

　　睡鲨科鲨鱼生活在深海，潜水者很难见到它们。不过，本科中潜水者见过的唯一的鲨鱼——小头睡鲨似乎对人类充满好奇。小头睡鲨在任意时间、任意地点都可以觅食，所以当它们见到潜水者时，很想知道到底能不能把面前的潜水者当作食物吃掉。潜水者曾见过它们悄悄地靠近自己或同伴，尤其是在能见度很低的地方；也见过小头睡鲨从四面八方游到同一名潜水者身边。它们胆子大且好奇心强，但也很容易被靠近的潜水者或照明灯和闪光灯吓到。虽然目前尚未发生小头睡鲨咬人的事件，并且大部分人认为小头睡鲨比较友善，但是潜水者依然需要时刻观察四周，要对这种大型捕食者心存警惕。在加拿大，小头睡鲨及板鳃亚纲鱼类培育及研究组（Greenland

Shark and Elasmobranch Education and Research Group, GEERG）拟了一套潜水者与小头睡鲨共潜行为准则，希望在确保潜水者的安全的同时保护这些独特的鲨鱼。

小头睡鲨 GREENLAND SHARK（*Somniosus microcephalus*）

　　小头睡鲨是所有鲨鱼中体形最大、习性比较特别的一种。它们体长可达 7.3 m 左右，寿命可达 400 多年，要 150 年左右才达到性成熟。它们只生活在北大西洋和北冰洋水深 1 200 m 的冰冷、黑暗的海域中，偶尔去浅海觅食。小头睡鲨的游速非常缓慢，但这并不妨碍它们成为捕食高手，鳐鱼、其他鲨鱼甚至海豹都可能成为它们的食物。它们也食用腐肉，人们曾在它们的胃里发现过驯鹿、马、鲸、麋鹿甚至北极熊的肉。小头睡鲨的眼睛上常常寄生着一种桡足类动物，这种寄生动物发出的光会吸引猎物来到小头睡鲨身边。

在哪里可以遇见它们

　　虽然潜水者偶尔能在格陵兰岛见到小头睡鲨，但是加拿大才是潜水者观赏它们的最佳地点——虽然潜水者曾在萨格奈峡湾见过它们，但与它们相遇的最佳地点要属魁北克的贝科莫，夏季它们有时候会游到那里的小湾中。不过，它们来来往往的时间并不确定，每年都有一些变化，所以你夏天去并不一定能遇到它们，除非能待上几周的时间。另外，告诉你一个小方法：不断地用两块岩石互相击打，它们发出的声音可能吸引小头睡鲨来到你身边。

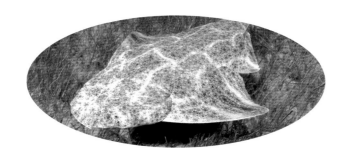

扁鲨科 ANGEL SHARK
FAMILY SQUATINIDAE

虽然扁鲨科鲨鱼和鳐鱼外形类似，但前者确实是鲨鱼，它们的胸鳍独特，鳃裂位于头部两侧。这个不寻常的鲨鱼家族有 21 种鲨鱼，成员分布在世界各处，有的生活在浅海，有的生活在深海。扁鲨科鲨鱼的体形呈扁平状，它们常藏在沙子下对猎物进行伏击，伏击对象包括鱼类、甲壳动物、章鱼以及鱿鱼等。晚上，它们偶尔离开沙地、潜入附近的珊瑚礁中，或者转移到一个新藏身之处。扁鲨科鲨鱼通常单独行动，但在某些区域也会集群活动。它们是卵胎生动物，雌鲨每次最多产 13 条幼鲨。本书将介绍潜水者最可能遇见的 5 种扁鲨科鲨鱼。

扁鲨科鲨鱼的外表极具隐蔽性，潜水者有时一不留神就会跌坐在它们身上，有时还没反应过来就拂去了它们身上的沙土。受到打扰的扁鲨可能变得极具攻击性，马上露出比首般尖锐的牙齿。

与鲨共潜

扁鲨科鲨鱼一般很难被发现。它们常栖息在沙土下，非常善于隐蔽和伪装自己，许多潜水者即使从它们身边经过也很难发现它们，所以潜水者要练就能发现它们轮廓的火眼金睛。如果有位经验丰富的潜导帮助寻找扁鲨科鲨鱼就再好不过了。潜水者一旦发现扁鲨科鲨鱼，就要拂去它们身上的沙土，否则根本看不清楚它们的样貌。虽然一般来说不建议潜水者打扰鲨鱼，但是除非能遇到在沙土表面休息的或者正在游动的扁鲨科鲨鱼——这两种情况都很少出现，否则只有拂去它们身上的沙土，才能看清楚这些身体扁平的家伙。扁鲨科的大部分成员对自己的伪装技巧极有自信，因此可以容忍潜水者拂去身上的一些沙子，完全不会理会潜水者。不过也有一些会快速地再次把自己藏起来或游走。

　　扁鲨科鲨鱼通常十分温顺，但偶尔也会因为被潜水者打扰了而做出一些激烈的反应。例如，在潜水者拂去它们身上的沙土或把它们逼到角落时，或者在潜水者不小心坐到它们身上时，它们可能在潜水者身边烦躁地游动，甚至咬潜水者。曾经发生过扁鲨咬伤潜水者的事件。扁鲨作为一种伏击型捕食者，可能咬自己身边的任何东西，包括潜水者的手。

澳洲扁鲨 AUSTRALIAN ANGEL SHARK（*Squatina australis*）

　　澳洲扁鲨是出没于澳大利亚周边海域的几种扁鲨科鲨鱼中的一种。它们生活在澳大利亚新南威尔士州中部到西澳大利亚州南部的浅海，体长可达 1.5 m，体表呈沙土色（有助于伪装）。对潜水者来说唯一的问题就是：很难找到它们。其他几种扁鲨科鲨鱼都栖息在深海。

在哪里可以遇见它们

　　观赏澳洲扁鲨的最佳地点是澳大利亚新南威尔士州南部的海岸线，其中杰维斯湾就是一个好去处。澳洲扁鲨一般喜欢藏在珊瑚礁周边的沙土中，但有时也出现在海草丛附近的沙地中。如果潜水者在墨尔本的菲利普港湾夜潜，也可能见到澳洲扁鲨。

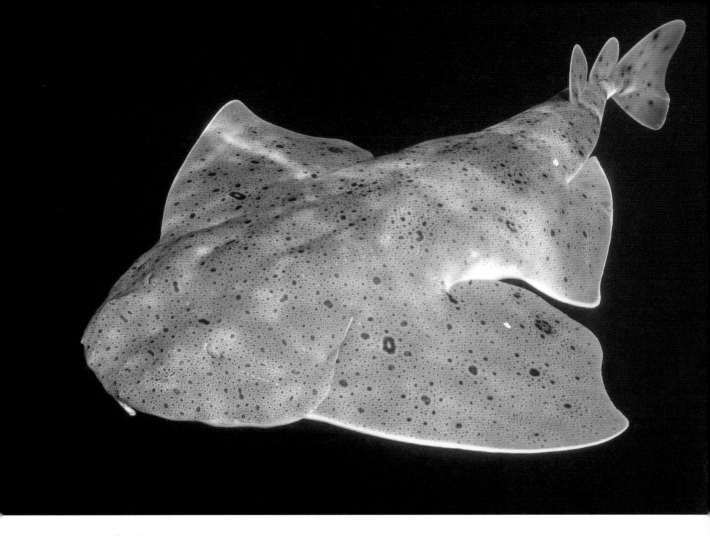

加州扁鲨 PACIFIC ANGEL SHARK (*Squatina californica*)

　　加州扁鲨常见于东太平洋，一般生活在美国南部至北部的太平洋温带海岸线的珊瑚礁周围。和所有扁鲨科鲨鱼一样，它们也总是将自己藏在沙土下。加州扁鲨体长约 1.5 m，背部长有一排短小的硬棘。目前人们认为加州扁鲨可能存在一些亚种。

在哪里可以遇见它们

　　加州扁鲨的最佳观赏地是美国加利福尼亚海岸，尤其是卡特琳娜岛周围。美国圣芭芭拉的塔吉瓜斯海滩（Tajiguas Beach）也是一个遇见加州扁鲨的好地方。

南美扁鲨 ANGULAR ANGEL SHARK（*Squatina guggenheim*）

南美扁鲨出没于从巴西到阿根廷的大西洋沿岸。这一带有很多种外形相似的扁鲨科鲨鱼，但南美扁鲨是其中潜水者可以经常遇见的仅有的一种。它们一般栖息在水下 10~150 m 的沙地和珊瑚礁周围，大多生活在水下 10~80 m 处。

在哪里可以遇见它们

观赏南美扁鲨的最好去处是阿根廷北部马德普拉塔附近的珊瑚礁。在扁鲨科鲨鱼的其他活动区域，潜水者很难遇见它们。

日本扁鲨 JAPANESE ANGEL SHARK（*Squatina japonica*）

之前人们已经在亚洲海域发现了多种扁鲨科鲨鱼，但是潜水者偶尔能遇见的只有日本扁鲨这一种。日本扁鲨体长约2m，体表呈红褐色，背上长有一排短小的硬棘。它们栖息在日本、中国及韩国的温带海域，浅海和深海里都有它们的身影，但潜水者一般在日本海域见到它们的概率更大。

在哪里可以遇见它们

想见日本扁鲨，就去日本的伊豆半岛和千叶附近的海域吧。在那些地方，潜水者一年四季都能见到它们，不过冬天是去那些地方潜水的最佳季节，与它们相遇的概率最大。

扁鲨 COMMON ANGEL SHARK（*Squatina squatina*）

扁鲨是扁鲨科鲨鱼中数量最庞大的一种，栖息在欧洲南部和非洲北部的东大西洋海域，体长可达 2.4 m。人类捕捞扁鲨的历史长达数千年，因此扁鲨的数量越来越少，活动范围已经大幅减小。

在哪里可以遇见它们

扁鲨的英文名（Common Angel Shark）直译成中文是"常见的、普遍的扁鲨科鲨鱼"的意思，但是它们现在一点儿也不常见，潜水者唯一能和它们偶遇的地方就是加那利群岛。加那利群岛的主岛之一，即大加那利岛附近的扁鲨很多，在那里，冬季是观赏它们的最佳时间。

虎鲨科 HORN SHARK
FAMILY HETERODONTIDAE

虎鲨科鲨鱼的背鳍前端长有硬棘，眼眶上方有脊状突起，因此人们很容易区分它们和其他鲨鱼。目前人们共发现了9种虎鲨科鲨鱼，它们都性格温顺、很容易接近。虽然它们体形较小，但长有臼状齿，这种牙齿咬合力非常强，可以咬碎软体动物和甲壳动物的外壳。

大多数虎鲨科鲨鱼的卵鞘呈独特的螺旋状，一般会嵌在岩石间。也有一些的卵鞘尾端有卷须，借助于卷须固定在海绵或珊瑚上。虎鲨科鲨鱼在冬季或春季产卵，因种类不同，孵化期为6~12个月不等。下面将要提及的几种虎鲨科鲨鱼都是潜水者在浅礁最常见的。

与鲨共潜

与虎鲨科鲨鱼共潜非常有趣，因为它们易于接近而且不会随意游走。它们对潜水者没有威胁——尽管背鳍前端的硬棘可能很锋利，但这些硬棘并非它们的防御武器。它们白天懒洋洋的，到了晚上就会在岩礁附近及沙地上慢慢地游动、寻找食物，它们会吹起沙子，让藏在沙子下的猎物暴露出来。

佛氏虎鲨 CALIFORNIA HORN SHARK (*Heterodontus francisci*)

　　佛氏虎鲨的英文名直译成中文是"加利福尼亚虎鲨"，因为它们生活在美国加利福尼亚州附近的海域。但有时它们也出现在墨西哥的西海岸。这种外形可爱的鲨鱼体长约1.2 m，体表布满暗色小斑点，常栖息在岩礁附近的浅滩上。和其他虎鲨科鲨鱼一样，佛氏虎鲨也是夜行动物，它们白天躲在洞穴或岩缝中，晚上出来捕食。

在哪里可以遇见它们

　　潜水者通常可以在美国加利福尼亚州的海岸、近海岛屿（比如圣卡塔利娜岛）及海峡群岛的一些岛屿附近见到它们。

眶脊虎鲨 CRESTED HORN SHARK（*Heterodontus galeatus*）

　　眶脊虎鲨生活在澳大利亚东海岸附近，人们常把这种鲨鱼与更常见的波氏虎鲨混淆。眶脊虎鲨体表有与众不同的带状图案，而且往往体形较小，体长差不多只有 1.3 m，通常单独活动。人们只在澳大利亚新南威尔士州和昆士兰州南部见过它们。它们可能出现在开放水域，也可能躲在暗礁处。眶脊虎鲨的猎物包括软体动物、甲壳动物和棘皮动物，人们也见过它们吃波氏虎鲨的卵。

在哪里可以遇见它们

　　眶脊虎鲨神出鬼没，可能出现在栖息范围内的任意潜点。在春季和冬季，它们会到浅海交配，这时潜水者更容易遇见它们。每年的这两个季节，澳大利亚杰维斯湾附近的岩礁就是观赏这些可爱的小型鲨鱼的最佳地点。

宽纹虎鲨 JAPANESE HORN SHARK（*Heterodontus japonicus*）

在所有虎鲨中，宽纹虎鲨最引人注目，它们体表有漂亮的条纹图案，体长约 1.2 m。这种看上去很可爱的鲨鱼生活在水下 6~40 m 处的岩礁周围，通常栖息在日本、韩国、中国台湾及中国北部的海域。

在哪里可以遇见它们

宽纹虎鲨可遇而不可求，潜水者一般只能在日本海域见到它们，它们一般出没于日本南部的伊豆半岛和千叶附近的海域。

波氏虎鲨 PORT JACKSON SHARK (*Heterodontus portusjacksoni*)

　　波氏虎鲨是潜水者在澳大利亚南部海域最常遇见的鲨鱼之一。它们栖息在澳大利亚昆士兰州南部至西澳大利亚州中部的温带海域，常在深海与浅海中徘徊往复，沿着海岸线上下迁徙。冬季和春季，它们集群繁殖，群体成员数量相当可观。它们是虎鲨科鲨鱼中体形最大的一种，体长最长可达 1.6 m。

在哪里可以遇见它们

　　波氏虎鲨是潜水者最易见到的一种虎鲨科鲨鱼，潜水者在澳大利亚南部的任意海域几乎都可以看到它们，不过最常遇见它们的地点还是新南威尔士州附近的海域，福斯特和纳鲁马之间的岩礁是最佳观赏地，尤其是在冬季和春季，大量波氏虎鲨聚集在浅礁附近交配，潜水者一潜下去就可能看到数十条。在这两个季节，波氏虎鲨也常聚集在澳大利亚悉尼和杰维斯湾附近的潜点。

长尾鲨科 THRESHER SHARK

FAMILY ALOPIIDAE

长尾鲨科鲨鱼是一类外形非常独特的鲨鱼，它们长着一条奇长的尾巴（实际上奇长的是尾鳍的上尾叶）。这条长长的尾巴可能比它们的躯干还长，可以用来击晕鱼类、鱿鱼以及乌贼等猎物。以前人们认为长尾鲨科鲨鱼通过前后摆动尾巴击晕猎物，但在最近的观察中人们发现，它们在冲向鱼群时，会将尾巴像鞭子一样甩过头顶。在世界范围内的热带和温带海域，人们之前共发现了3种长尾鲨科鲨鱼，而最近又通过鉴定DNA发现了第4种。长尾鲨科鲨鱼一般栖息在深海，但它们会游到浅海捕食或者让清洁鱼清除身体上的寄生虫。最近的研究发现，长尾鲨科鲨鱼的血液循环系统有所改善，可以让它们的体温高于周围的水的温度。它们是卵胎生动物，雌鲨一胎只能产下2~4条幼鲨。潜水者通常仅能见到一种长尾鲨科鲨鱼，那就是浅海长尾鲨。

与鲨共潜

长尾鲨科鲨鱼身姿十分优雅。它们沿着岩壁游动，或者安静地让清洁鱼清理身体，都是令人难忘的画面。和它们共潜尤其美妙，它们对潜水者并不构成威胁。不过，它们对那些吐着泡泡的潜水者还是很警惕的。在那些可以看到长尾鲨科鲨鱼的潜点，潜导会告诉潜水者：在遇见长尾鲨科鲨鱼后，静静地待在水底，专心欣赏。此外，如果你下潜到更深处，让呼吸变平缓，避免与长尾鲨科鲨鱼对视，尽量不要和其他潜水者挤作一团，这样你将获得更美妙的体验。有时候长尾鲨科鲨鱼来到某处只是为了享受清洁服务，不过它们一直对潜水者充满好奇。如果你遵循以上建议，它们就可能慢慢靠近你，你也就可以近距离观察它们了。

浅海长尾鲨 PELAGIC THRESHER SHARK (*Alopias pelagicus*)

潜水者很难见到长尾鲨科鲨鱼，浅海长尾鲨也只出现在少数几个潜点。它们栖息在印度洋和太平洋的热带和亚热带海域，是长尾鲨家族中体形最小的一种，即便如此，它们的体长也可达3.6 m 左右。它们眼睛很大，体表呈深蓝色，一般在水下 150 m 处游动，常到浅海捕食以及寻求清洁服务。

在哪里可以遇见它们

浅海长尾鲨一般在海中的岩壁或海底山附近巡游，潜水者在印度洋-太平洋海域的很多潜点都见过它们，其中包括埃及的埃尔芬斯通礁和兄弟岛、澳大利亚昆士兰州的鱼鹰礁以及菲律宾的墨宝等。不过，即使是在这些潜点，潜水者也鲜少遇到浅海长尾鲨，即使相遇，时间也极为短暂。潜水者只能在一个地方近距离看到这种奇怪的鲨鱼，那就是菲律宾马拉帕斯加的莫纳德浅滩（Monad Shoal）潜点。马拉帕斯加潜水中心的工作人员每天黎明时分就下潜到海底山附近，在那里通常可以看到2~12条浅海长尾鲨从深海游上来让清洁鱼清理身体。

姥鲨科 BASKING SHARK
FAMILY CETORHINIDAE

姥鲨科只有姥鲨这一种鲨鱼，它们的体形在所有鲨鱼中位居第二。

姥鲨 BASKING SHARK（*Cetorhinus maximus*）

姥鲨是一种比较独特的鲨鱼。它们栖息在全世界范围内的寒温带海域，体长至少可达 10 m，有的甚至可能长达 15 m。姥鲨的体表呈灰褐色，多有斑驳的纹路，体形和它们的近亲——鼠鲨的差不多。与鼠鲨不同的是，姥鲨有几乎环绕整个头部的巨大的鳃裂。姥鲨是滤食性动物，它们常常张大嘴巴靠近水面游动，让大量的水进入它们的鳃耙，用这种方式捕食水中的浮游生物。姥鲨的英文名是 Basking Shark（晒太阳的鲨鱼），这是因为它们有时腹部朝上缓慢地游动，就像在晒太阳一样。捕食时，姥鲨喜欢聚集在一起，有时群体成员的数量超过 100 条。

实际上人们对这种大型鲨鱼知之甚少。它们因季节变化而迁徙，夏季常出现在水面，冬季则潜入深海，它们的鳃耙可能脱落并更新。姥鲨是卵胎生动物，雌鲨一胎产的幼鲨不足 6 条。

与鲨共潜

人们可能认为体形这么大的鲨鱼应该毫不在意小小的潜水者，但事实上姥鲨似乎并不喜欢潜水者吐出的气泡，也不喜欢潜水者离自己太近。和它们共潜的唯一方法就是使用露出水面的呼吸管（或者使用循环呼吸器），并且不能向呼吸管吹气，以免向外喷水。同时，还要注意所有动作都要轻缓，否则一个突然的动作就可能吓到它们。不过这可能很难做到，毕竟潜水者穿着脚蹼，光是想跟上一条以 3 节的速度游动的鲨鱼就要费尽全力！在英国，人们拟了一套潜水行为准则，以将浮潜者对姥鲨的影响降到最低。

在哪里可以遇见它们

以前，人们为了获取鱼肝油而大肆捕捞姥鲨，导致姥鲨的数量大量减少，至今仍未恢复正常，所以现在在姥鲨的大部分栖息地，人们都很难看到它们。英国的康沃尔郡和苏格兰附近的海域里生活着大量姥鲨，那些地方都是观赏姥鲨的最佳地点。每年的5~7月是人们去彭赞斯（位于康沃尔郡西南部）的南部海域观赏姥鲨的好时候，每年的5~9月则是人们去苏格兰的赫布里底群岛观赏姥鲨的好时候。人们在康沃尔郡北部的纽基和马恩岛附近偶尔也能见到姥鲨。夏天，在美国周围的海域可能和姥鲨相遇，比如6、7月在马萨诸塞州的科德角附近，或者6月在罗得岛附近。

鼠鲨科 MACKEREL SHARK

FAMILY LAMNIDAE

鼠鲨科鲨鱼是鲨鱼家族中能将体温维持得高于周边海水温度的少数几种鲨鱼。它们将体温维持在相对较高的水平，可以使自己的新陈代谢系统更完善、肌肉更强壮，从而能游得更快，捕获更大的猎物。鼠鲨科鲨鱼都是十分高效的捕食者，以硬骨鱼、其他鲨鱼、鳐鱼以及海洋哺乳动物为食。

鼠鲨科有 5 种鲨鱼，它们的共同点是都有圆锥状的鼻子和半月形的尾巴。成熟的噬人鲨的牙齿呈三角形，可以将猎物"锯"成一块一块的，其余的 4 种则长有尖锐的、匕首般的牙齿。目前，人们对鼠鲨科鲨鱼的繁殖方式并不是很了解，不过据推测，雌鲨每胎产的幼鲨数量不超过 12 条。潜水者较常遇见的鼠鲨科鲨鱼是噬人鲨和尖吻鲭鲨；不过本书后文还介绍了太平洋鼠鲨，如果我们多费点儿心思，也可以遇见它们。

与鲨共潜

鼠鲨科的每种鲨鱼都有自己独特的脾气和个性，如果分别与它们共潜，会获得不同的体验。但遗憾的是，对大部分潜水者来说，能够见到这些鲨鱼的唯一方法就是用诱饵引诱它们，因此它们的行为往往比平时更具攻击性。

在鼠鲨科中，潜水者最常见到的鲨鱼是噬人鲨。虽然人们普遍认为，用笼子把潜水者与噬人

鲨隔离开是观看噬人鲨唯一安全的方式，但其实许多潜水者与噬人鲨共潜时也没有发生什么事故。噬人鲨并非毫无意识的猎杀机器。有些潜水者在"隔笼观鲨"时发现，噬人鲨并非像大多数纪录片中展现的那样想要冲破笼子试图攻击人类，他们甚至感到有些失望。事实上，大部分噬人鲨和其他鲨鱼一样，面对潜水者时要么小心翼翼的，要么对潜水者根本不感兴趣。只有小部分噬人鲨对潜水者很好奇。

为了看到不同性格的噬人鲨，看看它们的行为有什么不同，来上几天的鲨笼潜水是很值得的，如果可以在一年中的不同时间进行鲨笼潜水就更好了。大部分噬人鲨会在身处观鲨笼的人们的可视范围的最远处慢慢游动，只有在有诱饵的情况下它们才会靠近。有些则会在观鲨笼下方徘徊，然后突然冲过来夺走诱饵，之后又迅速消失。还有些噬人鲨仅仅靠近笼子，匆匆一瞥后就马上游走。即使是如此短暂的接触，也会令人终生难忘。

而观赏尖吻鲭鲨时，潜水者可以不在笼子里。不过曾经发生过尖吻鲭鲨伤人事件，有时候，由于受到诱饵的过度刺激，这种极其活跃的鲨鱼会以闪电般的速度接近潜水者，偶尔会猛咬潜水者的下颌，所以为安全起见，许多潜点的运营商更愿意用鲨笼潜水的方式让潜水者近距离观赏它们。

太平洋鼠鲨胆小害羞，即使看到水中有诱饵，也会谨小慎微。它们即使禁不住诱饵的诱惑而靠近潜水者，也仅作短暂停留，会迅速离开。

噬人鲨 GREAT WHITE SHARK (*Carcharodon carcharias*)

噬人鲨可以说是最有名的一种鲨鱼。这种大型捕食者体长一般可达 6.5 m，但是许多人声称他们见到的噬人鲨体长更长。噬人鲨出生时体长就约有 1.3 m，长有匕首般的牙齿，以捕食硬骨鱼为主。随着它们长大、成熟，之前的牙齿被大而新的三角形牙齿替代，除了硬骨鱼以外，其他鲨鱼、鳐鱼、海豚、海豹及鲸鱼都可能成为它们的食物。

噬人鲨栖息在世界各地的温带和热带海域。研究人员用标志重捕法所做的研究表明，噬人鲨会进行远距离迁徙，甚至会横跨大洋。不过，似乎它们每年都会去自己最喜欢的捕食地，那时候人们就会在浅海礁石处看到它们捕食猎物的身影了。

在哪里可以遇见它们

大多数潜水者都不愿遇见噬人鲨，不过一般噬人鲨出现时，往往只在潜水者周围游动，飞快地看一眼就游走了。此外，在没有诱饵的情况下遇见噬人鲨的情况极为少见。在有诱饵时，从安全角度考虑，潜水者最好通过鲨笼潜水的方式观看噬人鲨。虽然噬人鲨遍布世界各地的海域，但是只有4个国家可以保证潜水者有极大的概率看到噬人鲨。

　　南澳大利亚林肯港附近的岛屿，是人们首次在水下拍摄到噬人鲨的地方，现在这里仍是潜水者观赏噬人鲨的热门地点。在海王星群岛，潜水者全年可以进行鲨笼潜水，在任意时间都可以见到雄性噬人鲨。而如果想看到大型雌性噬人鲨，就选择冬季去那里潜水。在新西兰南端的斯图尔特岛也可以进行鲨笼潜水，当年的12月至次年的6月是人们观赏噬人鲨的好时候。

　　在南非的一些地方也可以观赏噬人鲨。在干斯拜附近的戴尔岛，人们全年可以进行鲨笼潜水；在西蒙斯敦的锡尔岛，人们全年大部分时间都可以观赏噬人鲨。这两个地方都离开普敦很近，冬季是观赏噬人鲨的绝佳时间。

　　墨西哥西海岸的瓜达卢佩岛是一个船宿潜点，该岛每年仅在7~11月安排潜水行程，人们在这段时间可以看到雄性噬人鲨，在9~11月之间则能看到大型雌性噬人鲨。

尖吻鲭鲨 SHORTFIN MAKO SHARK (*Isurus oxyrinchus*)

尖吻鲭鲨是人们公认的游速最快的鲨鱼，它们喜欢捕食那些强大的、游得非常快的旗鱼。有报告显示，不少尖吻鲭鲨的身上嵌着旗鱼的喙。尖吻鲭鲨体长可达 4 m，皮肤呈泛着金属光泽的浅蓝色。它们平常栖息在温带和热带海域，冬季则迁徙到水温更高的地方。尖吻鲭鲨一般巡游于远洋或进行远距离迁徙，很少出现在近海的礁石处。

在哪里可以遇见它们

潜水者在礁石附近潜水时很难遇见尖吻鲭鲨。想要见到这种自由巡游的鲨鱼，唯一的方法就是使用诱饵。世界上只有少数几个地方能让潜水者与这种令人印象深刻的鲨鱼偶遇。在美国加利福尼亚圣地亚哥附近的海域，潜水者一年四季都可以见到尖吻鲭鲨，尤其是夏季，夏季是观赏它们的最佳季节。每年的7~10月，潜水者在美国罗得岛附近的海域可以见到它们，还可以在葡萄牙亚速尔群岛的皮克岛附近见到它们。而每年的3~4月，潜水者可以去墨西哥的坎昆及下加利福尼亚半岛的洛斯卡沃斯与它们相遇。南非更是观赏尖吻鲭鲨的好去处，当年的10月至次年的7月，潜水者可以从西蒙斯敦租船出海观赏尖吻鲭鲨。

太平洋鼠鲨 SALMON SHARK (*Lamna ditropis*)

太平洋鼠鲨是鼠鲨科中比较古怪的成员。它们只出现在北太平洋；长相酷似噬人鲨，虽然体形比噬人鲨小（体长约 3 m），但外表看起来更健壮；身体两侧和腹部有黑色斑点。它们通常分性别集群活动，雌鲨和雄鲨分别栖息在北太平洋的东部和西部。它们中的大多数在近海活动，也会到浅湾觅食，以鲑鱼和其他鱼类为食。目前，人们对太平洋鼠鲨的了解比较有限。

在哪里可以遇见它们

潜水者只在一个地方有机会和太平洋鼠鲨同游，那就是美国阿拉斯加威廉王子湾的菲达尔戈港的入海口处。每年的6、7月，鲑鱼会去那里产卵，太平洋鼠鲨就会聚集在那里享用鲑鱼盛宴。由于太平洋鼠鲨生性害羞又谨慎，所以潜水者需有诱饵才能使它们靠近。虽然曾经有人在水肺潜水时见到过它们，但浮潜时更容易用诱饵引诱它们靠近。

砂锥齿鲨科 SANDTIGER SHARK

FAMILY ODONTASPIDIDAE

砂锥齿鲨科共有4种鲨鱼，它们分布在世界各地的温带及热带海域。它们的尾鳍上尾叶比较长，牙齿又长又尖、向前突出。相较于切割口中的食物，砂锥齿鲨科鲨鱼的牙齿更多用来捕获猎物，包括硬骨鱼、鳐鱼和小型鲨鱼。在大多数情况下，砂锥齿鲨科鲨鱼十分温顺，易与潜水者接近，但如果水中有它们想要的食物，也会变得攻击性很强。本科的鲨鱼均是卵胎生动物，雌鲨一胎仅产1~2条幼鲨。潜水者一般只会偶遇本科的2种鲨鱼——较为常见的锥齿鲨和相对少见的凶猛砂锥齿鲨。

与鲨共潜

与砂锥齿鲨科鲨鱼共潜是美妙的潜水经历，尤其是被它们成群环绕的时候。它们虽然外表看起来凶悍、富有攻击性，但实际上性格非常平和，且游速缓慢。它们不喜欢被人逼到角落或者被追赶，否则就会一甩尾巴，游走后不再回来。观察它们的最好的方式就是坐在它们领地边缘的海沟处，静静地看着它们在海中巡游。砂锥齿鲨科鲨鱼好奇心很强，如果潜水者一直待在那里，它们反而可能会慢慢地游过来。有时它们还会向潜水者挑衅，径直冲着潜水者的脑袋游过去，在即将撞到的一刹那，突然调转方向。它们在集群活动时往往更大胆，一旦落单就比较胆小了。在澳大利亚，潜水者与砂锥齿鲨科鲨鱼共潜需要遵守一套行为准则，以确保将共潜对这种濒危动物造成的不利影响降到最小。

锥齿鲨 GREY NURSE SHARK (*Carcharias taurus*)

　　锥齿鲨生活在世界各地的亚热带和温带海域，在不同的地方它们有不同的俗名。例如，在南非它们被称为"斑齿鲨"（Spotted Ragged-tooth Shark），在美国则被称为"沙虎鲨"（Sandtiger Shark）。它们体长可达 3.8 m，通常出现在浅海礁石周围，或聚集在海沟处，顺着海流来回游动。它们常会形成数量从几条到几百条不等的松散的集群。锥齿鲨喜欢水温高于 16°C 的环境，会根据水温的变化而迁徙，常出现在澳大利亚、非洲、南美洲、北美洲以及东亚地区的亚热带和暖温带海域。

在哪里可以遇见它们

　　锥齿鲨一般会沿着礁石进行季节性的迁徙。在澳大利亚，潜水者最常见到它们的地方是从昆士兰州南部到新南威尔士州南部的海域。夏季，它们常出现在澳大利亚福斯特南部到梅林布拉一带的海域，也会在昆士兰的彩虹海滩出现；冬季，它们往往会在澳大利亚福斯特北部到布里斯班这一带活动。少数锥齿鲨还出现在西澳大利亚州，例如秋季的珀斯和冬季的埃克斯茅斯附近。

在美国，锥齿鲨栖息在缅因州到佛罗里达州的东海岸以及墨西哥湾，不过潜水者最常见到它们的地方还是北卡罗来纳州，尤其是博福特和莫尔黑德城附近的沉船处。它们全年都会出现在那里，不过，潜水者一般只于夏季在这条海岸线上潜水观鲨。

在南非，锥齿鲨会出现在西开普省到莫桑比克南部一带，其中两大绝佳的观赏地点是霸王花海堤和德班附近的阿利瓦尔浅滩。而每年的夏末和秋季，观赏锥齿鲨的好去处是德班以北400 km的索德瓦纳湾。

凶猛砂锥齿鲨 SMALLTOOTH SANDTIGER SHARK（*Odontaspis ferox*）

凶猛砂锥齿鲨虽然分布广泛，但是分布得比较零散，人们很难见到它们。据记载，人们曾在水深 420 m 处发现过它们。有时候凶猛砂锥齿鲨也会冒险进入浅海，因此潜水者也曾在一些潜点见过它们。它们比锥齿鲨更壮硕，也显得更笨重，体长可达 3.6 m。

在哪里可以遇见它们

潜水者只能在少数几个地方看到凶猛砂锥齿鲨。夏季，它们有时出现在加那利群岛的耶罗岛附近。每年的7~10月，它们可能出现在黎巴嫩贝鲁特附近一个名为"鲨鱼角"（Shark Point）的潜点。不过观赏它们的最佳地点还是靠近巴拿马太平洋海岸的岛屿——马尔佩洛岛，那里有一个名为"怪物之底"（Bajo del Monstruo）的潜点，当年的12月至次年的4月，十几条凶猛砂锥齿鲨常聚在该潜点水下60 m处的礁坡上，不过潜水者在此期间不一定能遇见它们。

斑鳍鲨科 COLLARED CARPET SHARK

FAMILY PARASCYLLIIDAE

　　斑鳍鲨科鲨鱼都是小型夜行鲨鱼，白天的大部分时间都躲在洞穴里或海藻丛中。目前人类已经发现的 8 种斑鳍鲨科鲨鱼中，有 4 种生活在澳大利亚南部，其余的则栖息在西北太平洋的深海。本科的鲨鱼体形修长，因此能在狭窄的岩礁缝隙间穿梭，这既便于它们寻找食物，也利于隐藏自己。它们的卵呈矩形，卵上长有卷须，这些卷须可将卵固定在海底。斑鳍鲨科鲨鱼似乎和猫鲨科的一些鲨鱼十分相似，不过区别在于前者有鼻沟，而且口的位置比眼睛靠前。它们以小鱼、蠕虫和甲壳动物为食。人们对它们的了解还不够深入，还需对它们的行为和习性进行大量研究。

与鲨共潜

　　斑鳍鲨科鲨鱼体形小，且比较害羞、腼腆，潜水者一般很难见到它们。它们常在晚上觅食，因此潜水者在晚上见到它们的概率更大一些。不过如果潜水者白天在礁石下方以及海藻丛下方搜寻，也可能见到它们。斑鳍鲨科鲨鱼性格很温顺，如果潜水者能找到它们，基本上就可以尽情地和它们拍照，好好地观察这些小可爱了。

杂色斑鳍鲨 VARIED CARPET SHARK (*Parascyllium variolatum*)

潜水者想要遇见斑鳍鲨科鲨鱼的话，唯一的去处就是澳大利亚。在澳大利亚浅海，栖息着 3 种斑鳍鲨科鲨鱼，其中仅有 1 种常被潜水者遇见，那就是杂色斑鳍鲨。杂色斑鳍鲨体长约 90 cm，体表有暗棕色或黑色环状图案，上面布满白色斑点。这些环状图案在脖颈处形似"衣领"，也像戴在狗脖子上的项圈，因此它们还有一个俗名，即"项链地毯鲨"(Necklace Carpet Shark)。

在哪里可以遇见它们

杂色斑鳍鲨常出现在澳大利亚维多利亚州到西澳大利亚州南部的海域，以及塔斯马尼亚岛北部的海岸线上，但墨尔本附近的数量最多，潜水者可以在菲利普港湾南部看见它们，可以在港湾外的海滩附近遇见它们。它们可能出现在 180 m 深的海域，可能来到浅海的岩礁处，还可能藏身于海草和海藻（包括大型海带）丛中。

长须鲨科 BLIND SHARK
FAMILY BRACHAELURIDAE

长须鲨科只有两种鲨鱼，它们都栖息在澳大利亚东海岸。这类底栖鲨体形较小，对人类没有威胁。它们在夜间捕食无脊椎动物和小鱼，白天的大部分时间则躲在洞穴中或藏身在岩石间，所以潜水者一般很难见到它们。它们在夏天繁殖，不仅幼鲨，甚至成年鲨鱼都可能成为须鲨科鲨鱼的腹中餐。

与鲨共潜

一般来说，潜水者发现长须鲨科鲨鱼都是先从暗礁或石缝中看到它们的尾巴。长须鲨科鲨鱼在夜间更为活跃，会外出觅食。它们很害羞、谨慎，所以潜水者想观察它们或对着它们拍照都是很难的事。不过，潜水者偶尔可以在白天看到一条正在休息的长须鲨科鲨鱼，或者看到从藏身处露出一半身体的长须鲨科鲨鱼，这样就可以近距离研究这些有趣的小型鲨鱼了。

瓦氏长须鲨 BLIND SHARK（*Brachaelurus waddi*）

　　瓦氏长须鲨是长须鲨科中最常见的一种鲨鱼，由于它们浮出水面时会闭上眼睛，所以人们首次发现这种鲨鱼时，赋予了它们"盲鲨"（Blind Shark）这个名字。瓦氏长须鲨体长最长可达 1.2 m，不过超过 1 m 的罕见。它们的体表颜色呈浅褐色或近似黑色，身上几乎都有深色带状花纹及白色斑点。

在哪里可以遇见它们

　　瓦氏长须鲨栖息在澳大利亚新南威尔士州附近及昆士兰州南部，但潜水者想要发现它们的身影并非易事。它们往往待在长满海藻等海生生物的岩礁处，这种地方不仅食物丰富，也易于藏身。瓦氏长须鲨数量最多的地方应该是新南威尔士州的北部，从悉尼向北至特威德黑兹一带，其中斯蒂芬斯港是最佳观赏地之一。

科氏长须鲨 COLCLOUGH'S SHARK (*Brachaelurus colcloughi*)

  科氏长须鲨罕见，潜水者只偶然遇见过这种鲨鱼。人们对科氏长须鲨的行为和生物学方面的了解极为有限。它们和瓦氏长须鲨的体形、外表十分相像，体表颜色呈浅灰色或棕灰色等，有的身上有模糊的带状花纹。人们常将它们和更为常见的点纹斑竹鲨搞混，因为这两种鲨鱼的体表颜色、外形十分相似，区别之处是：科氏长须鲨的鳍更圆润，喷水孔位于眼睛后侧。

在哪里可以遇见它们

  科氏长须鲨活动范围非常有限，只出现在澳大利亚昆士兰州南部和新南威尔士州北部的岩礁处，以及格拉德斯通至拜伦湾的岩礁处。这种鲨鱼极为少见，它们和瓦氏长须鲨一样害羞，白天躲在岩壁下方或洞穴中。要想和它们偶遇，可以试着到澳大利亚布里斯班、黄金海岸以及拜伦湾附近的潜点碰碰运气。

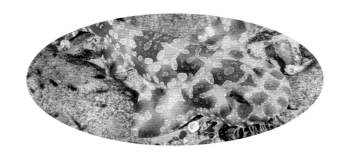

须鲨科 WOBBEGONG

FAMILY ORECTOLOBIDAE

须鲨的英文名称 Wobbegong 源于澳大利亚原住民的语言，意思是"胡须"，用这个词来为须鲨命名再恰当不过了，因为它道出了须鲨的外形特征。须鲨科中目前已经被明确定种的鲨鱼有 12 种。它们身体扁平，体表布满斑驳的图案，善于伪装；头部周围长有皮瓣，也就是那些粗壮的"胡须"，易于分辨。须鲨科的所有鲨鱼都长有宽大的嘴巴和锋利的长牙，能够有效地捕捉猎物，包括硬骨鱼、甲壳动物、鳐鱼、章鱼、鱿鱼，甚至是其他鲨鱼。

须鲨科鲨鱼是伏击型捕食者，白天待在海底，时刻准备着伏击所有出现在自己捕食范围内的猎物。它们是卵胎生动物，雌鲨妊娠期长达 1 年，每胎产幼鲨 1~40 条。它们在澳大利亚附近的海域很常见，人们已知的须鲨科鲨鱼中有 10 种都生活在这片海域，本书将介绍其中的 6 种。

与鲨共潜

在澳大利亚，许多潜水者都对须鲨科鲨鱼既爱又恨。与大部分鲨鱼不同的是，它们不害怕潜水者，在潜水者靠近时很少会游走。但如果它们感觉受到了威胁，或者被潜水者不小心踩到，就会咬过去，因此它们是引发澳大利亚附近海域非致命性鲨鱼咬人事件最多的一种鲨鱼。它们一旦咬住目标则不会松口，也就是说，即使潜水者回到水面，它们依然会紧咬着他们的胳膊、腿或臀部不松口。潜水者一旦被它们咬到，最好的办法就是让自己放松，不要挣扎。它们意识到自己无

法将潜水者吞下，就会松开口并游走。有时，看到潜水者靠近自己，它们就会猛地咬住自己的下颌，发出警告性的"叫喊声"，以警告靠近者。

虽然存在以上危险，但和须鲨科鲨鱼共潜是一件很美妙的事情，大部分潜水者都不会遇到危险。它们会容忍潜水者靠近、拍照，如果潜水者离得太近，它们往往会游走，而不是冲着潜水者咬过去。但是，如果潜水者看到它们周围有一群群的鱼在游动，而它们安静地待在海底、头部抬起，就要小心了，因为此时它们正处于捕食状态，已经准备好捕食那些游动的鱼，或者已经准备去咬靠近自己的潜水者了。在有些地方，人们很难见到须鲨科鲨鱼，因为它们常常躲在洞穴里或藏在岩壁下。而在另外一些地方，它们可能离开海底，自信地待在开放水域中。

叶须鲨 TASSELLED WOBBEGONG (*Eucrossorhinus dasypogon*)

在所有须鲨科鲨鱼中，叶须鲨的隐藏能力最强，因为它们身体最扁平，且体表呈砂石色，可以完美地将自己与碎石或硬珊瑚融为一体。和所有须鲨科鲨鱼一样，叶须鲨也是伏击型捕食者，不过它们还会用尾巴当诱饵，通过前后摆动尾巴来吸引猎物。叶须鲨体长约 1.8 m，不过很多书中都将它们的最大体长误写为 3 m。它们生活在澳大利亚的热带海域，以及印度尼西亚东部和巴布亚新几内亚附近的海域。

在哪里可以遇见它们

在澳大利亚大堡礁的任何地方几乎都可以找到叶须鲨，不过要想确保和它们相遇，潜水者最好去坎普里科恩-邦克群岛附近的礁石处，尤其是赫伦岛以及埃里奥特夫人岛。在澳大利亚西澳大利亚州的宁格鲁礁，潜水者也可以看到它们，不少叶须鲨栖息在埃克斯茅斯的著名潜点，即海军码头（Navy Pier）。巴布亚新几内亚的莫尔兹比港和米尔恩湾也是潜水者偶遇叶须鲨的好去处。另外，在印度尼西亚的西巴布亚省，叶须鲨也十分常见，潜水者可以在拉贾安帕的岩礁附近与它们相遇。

斑纹须鲨 SPOTTED WOBBEGONG（*Orectolobus maculatus*）

斑纹须鲨体长可达 3.2 m，体表呈棕褐色或黑褐色等，并被浅色环形花纹和白色斑点覆盖。在澳大利亚南部岩礁一带，它们处于食物链最顶端。从西澳大利亚州南部直至昆士兰州南部，除了塔斯马尼亚岛之外，都有斑纹须鲨的身影。斑纹须鲨是须鲨科鲨鱼中最具社会性的，经常成群结队地待在海底或挤在洞穴中。

在哪里可以遇见它们

尽管斑纹须鲨遍布澳大利亚南部的大部分海域，但是最常见到它们的地方还是昆士兰州南部和新南威尔士州北部一带。从布里斯班到福斯特的许多潜点，特别是在拜伦湾和西南岩石区附近，潜水者常常可以遇见斑纹须鲨。

饰妆须鲨 ORNATE WOBBEGONG (*Orectolobus ornatus*)

多年以来，人们都将饰妆须鲨和赫尔须鲨混为一谈，认为体形较小的饰妆须鲨就是未长大的赫尔须鲨。潜水者之前也总怀疑它们究竟是不是两个不同的物种，直到经 DNA 检测分析后，它们才被确定为两个不同的物种。饰妆须鲨体长最长只有 1.2 m，分布在澳大利亚东部从悉尼北部至昆士兰州的海岸线上。

在哪里可以遇见它们

饰妆须鲨一般待在洞穴里、岩壁附近及珊瑚礁下方，不易被发现。和近亲斑纹须鲨一样，饰妆须鲨的最佳观赏地也在昆士兰州南部及新南威尔士州北部一带。在拜伦湾和西南岩石区，人们常可以看到饰妆须鲨静静地趴在扁平的珊瑚上，伺机伏击经过的猎物。

赫尔须鲨 BANDED WOBBEGONG (*Orectolobus halei*)

　　尽管赫尔须鲨和饰妆须鲨外表有所不同，栖息地也有所差异，但正如我们在上文提到的，以前人们很难区分它们。其实，区分赫尔须鲨和饰妆须鲨并不难。赫尔须鲨体长较长，可达 2.9 m，体表呈浅褐色，身上有边缘呈波浪状的深褐色花纹，还有一些稀疏的灰色云状斑点。而饰妆须鲨体表的花纹更别致，看起来也更精致。赫尔须鲨栖息在澳大利亚南部海岸线的温带和亚热带海域，从昆士兰州的布里斯班到西澳大利亚州的珊瑚湾，以及巴斯海峡的弗林德斯岛。

在哪里可以遇见它们

　　虽然赫尔须鲨生活在澳大利亚南部海岸线，但它们喜欢藏在洞穴里，潜水者很难见到它们。潜水者最可能遇到赫尔须鲨的地方还是昆士兰州南部及新南威尔士州北部一带，尤其是布里斯班南部到福斯特这一带的海域，拜伦湾和西南岩石区就是观赏赫尔须鲨的最佳地点。

渥氏须鲨 NORTHERN WOBBEGONG（*Orectolobus wardi*）

渥氏须鲨是一种鲜为人知的鲨鱼，它们体形较小，体长最长也只有 1 m，头部长有少量皮瓣，体表看上去很朴素，斑驳的褐色花纹映衬着深色的带状纹路。它们栖息在澳大利亚西澳大利亚州、北领地以及昆士兰州附近的海域。

在哪里可以遇见它们

澳大利亚北部有性情凶猛的湾鳄出没，所以即使那里是渥氏须鲨的栖息地，潜水者也很少去那里潜水。潜水者可以在澳大利亚西澳大利亚州的宁格鲁礁附近，包括木荣群岛和鲭鱼岛与它们偶遇，也可以在埃克斯茅斯海军码头的石灰岩处与它们邂逅。

疣背须鲨 COBBLER WOBBEGONG（*Sutorectus tentaculatus*）

疣背须鲨是须鲨家族中外形比较特别的成员，它们除了长有其他须鲨科鲨鱼也有的皮瓣和花纹以外，背上还长有疣状结节。它们体长约 1 m，浅褐色的体表上有深色的带状和斑状花纹，上面还散布着黑点，整体看上去比较华丽。疣背须鲨只出没于澳大利亚南澳大利亚州及西澳大利亚州的南部海域，主要生活在从阿德莱德到杰拉尔顿的岩礁附近。

在哪里可以遇见它们

即使在澳大利亚南部海域，疣背须鲨也很少见。不过，潜水者曾在南澳大利亚州的怀阿拉以及西澳大利亚州的珀斯、布雷默湾和奥尔巴尼见到过它们的身影。

长尾须鲨科 BAMBOO AND EPAULETTE SHARK

FAMILY HEMISCYLLIIDAE

长尾须鲨科包括斑竹鲨属和长尾须鲨属，目前已经被明确定种的共有16种。它们只生活在印度洋和西太平洋海域。长尾须鲨科鲨鱼体形细长，可以钻入岩缝中。在长尾须鲨科的两个家族中，长尾须鲨属鲨鱼一般比斑竹鲨属鲨鱼体形小，在捕食或隐藏自己时，能借助于胸鳍在海底慢慢地"行走"。长尾须鲨科鲨鱼眼睛后下方有喷水孔，尾巴很长，鳍边缘呈圆弧形，繁殖方式为卵生。它们一般在晚上捕食，甲壳动物、小鱼和蠕虫都是它们的食物。潜水者一般在浅滩礁石处可以看到多种长尾须鲨科的鲨鱼，本书将介绍的是最常见的几种。

与鲨共潜

这些漂亮的小型鲨鱼常常让潜水者，特别是水下摄影师非常沮丧，因为它们十分害羞，令人难以接近，很难被镜头捕捉到。白天，它们钻入岩壁下方的缝隙中静静地待着。到了晚上，它们就外出捕食。但即使是在夜晚，面对靠近的潜水者以及手电筒发出的光，本科的大部分鲨鱼还是十分谨慎，会快速地躲到黢黑的地方。不过，潜水者还是能时不时地遇到一条极具吸引力的长尾须鲨科鲨鱼，它可能安详地待在海底，并摆好姿势，大方地让镜头对着它拍摄。

阿拉伯斑竹鲨 ARABIAN BAMBOO SHARK（*Chiloscyllium arabicum*）

阿拉伯斑竹鲨体长约 70 cm，外表看起来和长尾须鲨科家族中的其他成员差不多。它们生活在从波斯湾到印度南部的海域，一般在浅海珊瑚礁附近活动。

在哪里可以遇见它们

阿拉伯斑竹鲨最常见于阿联酋附近的海域，常出现在阿布扎比附近的珊瑚礁及沉船潜点。

灰斑竹鲨 GREY BAMBOO SHARK (*Chiloscyllium griseum*)

虽然被叫作"灰斑竹鲨"，但它们的体表颜色一般是褐色，体长约 80 cm。灰斑竹鲨分布较为广泛，从东南亚海域向西直到波斯湾都有它们的身影。这一带海域还有许多和灰斑竹鲨长相类似的鲨鱼，例如阿拉伯斑竹鲨等。

在哪里可以遇见它们

灰斑竹鲨最常见于马来西亚东海岸，大量栖息在停泊岛附近的沉船残骸处，经常数十条一起藏在那里。

条纹斑竹鲨 WHITESPOTTED BAMBOO SHARK（*Chiloscyllium plagiosum*）

条纹斑竹鲨一般体长约95 cm，体表有深色带状条纹及白色斑点。条纹斑竹鲨的栖息范围和灰斑竹鲨的栖息范围大致相同，而且它们和其他斑竹鲨属鲨鱼一样，都喜欢在白天藏起来，让人难以发现。

在哪里可以遇见它们

菲律宾马拉帕斯加附近的加图岛是观赏条纹斑竹鲨的最佳地点之一。条纹斑竹鲨喜欢藏在这个潜点的诸多岩壁和洞穴中，潜水者往往只能偶尔看到它们露在外面的尾鳍。

点纹斑竹鲨 BROWN-BANDED BAMBOO SHARK（*Chiloscyllium punctatum*）

点纹斑竹鲨的英文俗名直译成中文是"褐色带状斑竹鲨"，这很容易误导人，因为它们的体表并非呈褐色，而是呈灰色或米黄色，并且只是隐隐约约地有一些带状花纹。点纹斑竹鲨的幼鲨体表的带状花纹很明显，但长大、成熟后，它们身上的带状花纹会逐渐消失。据报道，它们体长可达 1 m。但潜水者曾在昆士兰州南部发现体长约 1.5 m、外表看起来和点纹斑竹鲨仅有些许差别的鲨鱼，它可能是另一种斑竹鲨属鲨鱼，也可能是点纹斑竹鲨的一个亚种。点纹斑竹鲨广泛分布在印度洋-西太平洋海域，主要是澳大利亚向北到日本、向西到印度的这一带海域。

在哪里可以遇见它们

只要在点纹斑竹鲨的栖息范围内，潜水者很容易就能遇见它们，如果是在澳大利亚布里斯班和黄金海岸附近，看到它们的机会就更多了。点纹斑竹鲨经常出现在那片海域内有大量岩壁的潜点，例如沙格岩（Shag Rock）和"苏格兰王子号"（Scottish Prince）沉船潜点，有时候潜水者一潜就可以看到数十条点纹斑竹鲨。

迈克尔长尾须鲨 LEOPARD EPAULETTE SHARK (*Hemiscyllium michaeli*)

　　长尾须鲨属的所有成员体表都有斑状、点状或带状花纹，而其中最吸引人的是可爱的、体长约 70 cm 的迈克尔长尾须鲨。迈克尔长尾须鲨仅出现在巴布亚新几内亚东部海域。实际上，那片海域生活着长尾须鲨属的多种鲨鱼，之前很长的一段时间内，人们都把迈克尔长尾须鲨和其他几种外表类似的鲨鱼搞混了。

在哪里可以遇见它们

　　在巴布亚新几内亚东部的米尔恩湾、图菲以及莫尔兹比港都可以见到迈克尔长尾须鲨，尤其是它们在夜间捕食时，潜水者与它们相遇的概率更大。

斑点长尾须鲨 EPAULETTE SHARK (*Hemiscyllium ocellatum*)

斑点长尾须鲨俗称"肩章鲨"，体表有稀疏的斑点，眼睛后方有一块较大的斑点（如同肩章），很容易辨认，体长可达 107 cm。它们拥有特殊的能力，可将自己嵌入狭窄的岩缝中或隐藏在硬珊瑚中。它们栖息在印度尼西亚东部、澳大利亚北部以及巴布亚新几内亚的热带海域，最常见于浅滩礁石处。如果在退潮时不小心被困在沙滩上，它们可以在缺水的情况下存活几个小时。

在哪里可以遇见它们

观赏斑点长尾须鲨最好的地点是澳大利亚大堡礁，这种可爱的小型鲨鱼喜欢待在浅滩礁石处，所以潜水者在潜水时反而很少遇到它们。如果在赫伦岛及埃里奥特夫人岛浮潜就可以经常见到它们。

豹纹鲨科 LEOPARD SHARK

FAMILY STEGOSTOMATIDAE

豹纹鲨科目前仅有豹纹鲨这一种鲨鱼，它们栖息在印度洋-西太平洋的热带海域。

豹纹鲨 LEOPARD SHARK（*Stegostoma fasciatum*）

　　豹纹鲨还有"斑马纹鲨"（Zebra Shark）这个名称，但只有在说到其幼鲨时人们才会这么称呼，因为幼鲨体表的花纹如同斑马纹，与成年豹纹鲨体表豹纹般的花纹完全不同。豹纹鲨的口和牙齿都很小。它们性格温顺，白天慵懒地待在沙滩上或珊瑚礁附近，只在潜水者过于靠近自己时才移动一下。夜间，它们捕食小鱼、虾、螃蟹和软体动物。

　　豹纹鲨在夏天繁殖，它们产的卵比较大，长约 20 cm，孵化时间约 6 个月，刚刚孵化出的幼鲨体长约 25 cm。成年豹纹鲨体长最长可达 2.5 m，并非像很多书中所提到的 3.5 m。潜水者很少见到豹纹鲨的幼鲨。和其他许多鲨鱼一样，豹纹鲨也会因季节变化而迁徙，它们似乎更喜欢在水温高于 22°C 的海域生活，当所处的海域水温降低时，它们就迁徙到水温更高的海域。研究人员用标志重捕法开展的研究显示，每逢冬天，原本栖息在澳大利亚布里斯班附近海域的豹纹鲨就会向北迁徙，迁徙距离长达 1 300 km。

与鲨共潜

与豹纹鲨共潜是一种享受。当它们休息时，潜水者很容易接近这些温顺的大型鲨鱼，只要从侧面慢慢靠近它们就可以。有些豹纹鲨对人类很警觉，一旦发现潜水者靠近就会马上游走；也有些豹纹鲨乐于和潜水者互动，允许潜水者对着自己拍照和研究。白天，潜水者常会遇到在海底休息的豹纹鲨。繁殖期的豹纹鲨异常活跃，一群雄性豹纹鲨追着一条雌性豹纹鲨在礁石附近游来游去的场景很常见。

在哪里可以遇见它们

虽说在豹纹鲨栖息范围内的任何一块礁石附近都可能遇到它们，但要想细细观赏它们，潜水者最好去下面的这些地方。泰国是观赏豹纹鲨的好去处，尤其是斯米兰群岛、皮皮岛和普吉岛附近。在那些地方的许多潜点，潜水者在一周的潜水行程中一般可以见到几条豹纹鲨。不过，观赏豹纹鲨的最佳地点当属澳大利亚昆士兰州南部及新南威尔士州北部的海域。每到夏天，数以百计的豹纹鲨就会来到格拉德斯通与科夫斯港一带的珊瑚礁处，彩虹海滩、布里斯班、特威德黑兹以及拜伦湾的珊瑚礁对豹纹鲨的吸引力尤其大。在这些海域，潜水者一潜就可以看到十几条甚至更多的豹纹鲨。不过，豹纹鲨每年只出现在这些地方6个月（从当年的11月到次年的4月），到了冬天，它们就会迁徙到大堡礁附近的温暖海域中。

铰口鲨科 NURSE SHARK

FAMILY GINGLYMOSTOMATIDAE

铰口鲨科共有 4 种鲨鱼，它们都栖息在热带海域。潜水者在珊瑚礁附近探寻时，常看见其中的 2 种鲨鱼。铰口鲨科鲨鱼的繁殖方式为卵胎生，雌鲨一胎孕育的幼鲨数量为 8~30 条。

铰口鲨科鲨鱼是鲨鱼喂食潜点的常客，但白天大多待在海底，晚上捕食硬骨鱼、章鱼、鱿鱼、螃蟹和小龙虾。与大部分鲨鱼不同的是，铰口鲨科鲨鱼用吸食的方式捕猎。它们具有很强的吸食能力，据说能把鱼从岩壁上吸下来，甚至能把蛤蜊肉从壳中吸出来。它们虽然牙齿不大，但一旦吸住猎物就不松口。此外，为了捕获猎物，它们甚至可以顶起沉重的珊瑚头。有些潜水者曾被铰口鲨攻击过，所以一定要留心这些大型鲨鱼。它们一般栖息在水深 10~100 m 的珊瑚礁附近，也会出现在较浅的潟湖和红树林中。白天，它们常待在洞穴、海沟或沉船残骸处，并且乐于和本科的其他鲨鱼、须鲨科鲨鱼、海龟或石斑鱼等共享休憩地。

与鲨共潜

铰口鲨科鲨鱼既友好又有好奇心，在鲨鱼喂食潜点，它们常游到潜水者身边寻觅食物，但一旦受惊就会立刻游走。如果潜水者悄悄地靠近一条正在小憩的铰口鲨科鲨鱼，可以与它拍一张亲密合影；但如果潜水者挑逗它，那么它可能惊惶地逃跑，也可能冲撞潜水者。所以不要把它们逼入绝境，一定要为自己留一条逃离路线。

铰口鲨 NURSE SHARK (*Ginglymostoma cirratum*)

铰口鲨是铰口鲨科中最常见的成员，生活在大西洋热带海域。铰口鲨体长可达 3 m，外表有别于同一海域其他科的鲨鱼。以前，人们认为还有铰口鲨生活在中美洲太平洋沿岸一带，但最近的研究表明，从遗传学的角度来看，生活在那一带的鲨鱼与铰口鲨有区别，应该是另一种鲨鱼，即太平洋铰口鲨（ *Ginglymostoma unami* ）。

在哪里可以遇见它们

铰口鲨遍布美国佛罗里达州南部、巴哈马群岛和加勒比海海域，潜水者在这些海域潜水时很容易遇见铰口鲨。一个观赏铰口鲨的绝佳地点是加勒比地区格林纳丁斯群岛的赛尔洛克（Sail Rock），在那里潜水者一定可以看到铰口鲨。铰口鲨也常出现在美国佛罗里达州的劳德代尔堡到佛罗里达群岛周围的海域，常在沉船残骸或岩礁处休息。还有一处不错的铰口鲨观赏地就是巴哈马的比米尼群岛，在那里潜水者可以看到大量铰口鲨，尤其是在投喂双髻鲨时常出现20多条铰口鲨前来抢夺食物的场面。

长尾光鳞鲨 TAWNY NURSE SHARK (*Nebrius ferrugineus*)

　　长尾光鳞鲨体长可达 3.2 m，体表呈浅褐色、灰褐色等。初生的幼鲨只有 40 cm 长，身上布满小斑点，但潜水者一般很难见到幼鲨。长尾光鳞鲨栖息在印度洋–西太平洋的热带海域及太平洋中部海域。

在哪里可以遇见它们

　　只要在长尾光鳞鲨的栖息范围内，潜水者在正确的时间和地点潜水就能和它们相遇。在澳大利亚，潜水者可以在大堡礁和宁格鲁礁观赏长尾光鳞鲨，埃里奥特夫人岛是最佳观赏地，除了长尾光鳞鲨外，潜水者还可以在那里看到其他鲨鱼。在斐济，长尾光鳞鲨常出现在贝卡潟湖的鲨鱼礁（Shark Reef）、比斯特罗及大教堂（The Cathedral）这几个潜点。在马尔代夫的瓦武环礁的安利玛莎岛夜潜时，潜水者也可以见到许多长尾光鳞鲨。有趣的是，潜水者见到长尾光鳞鲨时，一般第一眼都是先看到它们露在洞穴或岩壁外的尾巴。

120

鲸鲨科 WHALE SHARK

FAMILY RHINCODONTIDAE

鲸鲨科仅有鲸鲨这一种鲨鱼，这种鲨鱼令人过目难忘，人们很容易将其与其他鲨鱼区分开来。

鲸鲨 WHALE SHARK (*Rhincodon typus*)

鲸鲨体形庞大，体长可达 14 m，头部宽阔扁平，口大，眼小，鳃裂很长。它们体表的颜色非常独特，底色呈灰褐色，上面散布着白色斑点和浅色条纹。它们隆起的背脊和豹纹鲨的背脊十分相似，因此以前人们曾将这两种鲨鱼归为同一科。相比于庞大的身躯，鲸鲨的牙齿很小。鲸鲨以浮游生物和成群的小鱼为食，一般在靠近水面处捕食。它们一边缓慢地游动，一边张大嘴巴，让海水进入嘴巴，海水中的生物就会附着在它们的海绵状鳃耙上。有时它们还将头部靠近水面，大口吸食浮游生物等。目前人们对鲸鲨的繁殖方式了解得很少，据推测，它们的繁殖方式为卵胎生，雌鲨一胎约产 300 条幼鲨。

鲸鲨生活在热带至温带海域，并会进行长距离迁徙。它们捕食的地方往往靠近海岸，但也常在远洋中出现。一直以来，潜水者遇到鲸鲨的次数并不多，但在过去的 20 年里，人们已在世界范围内找到了一些鲸鲨的聚集地。

与鲨共潜

令人遗憾的是，潜水者与鲸鲨相遇或互动的时间往往十分短暂。这些庞然大物对觅食更感兴趣，而不是观察潜水者。对水肺潜水者来讲，在许多潜点都可以遇见鲸鲨，但和这些大家伙的互动则大部分发生在浮潜的过程中。在大部分能遇见鲸鲨的潜点，包租船都只供浮潜者出海与鲸鲨同游。一旦遇见鲸鲨，船员就会根据鲸鲨前进的方向将浮潜者放在鲸鲨前方，从而让鲸鲨从浮潜者旁游过。浮潜者与鲸鲨相遇时，鲸鲨大多游得飞快，浮潜者要拼尽全力踢动脚蹼才能跟得上它们。运气好的话，浮潜者可能碰到一条停下来进食的鲸鲨，那时候就可以近距离观察它了。偶尔鲸鲨也会突发好奇心，游到浮潜者或船旁。

观赏鲸鲨的多数潜点都有许多严格的规定，包括不许使用闪光灯、潜水者要距离鲸鲨 4 m 以上以防打扰鲸鲨等。

而在鲸鲨喂食潜点和鲸鲨相遇的情景就截然不同了。给鲸鲨喂食这种行为引发了很大的争议，但喂食活动的确让人更容易见到鲸鲨、和鲸鲨相处的时间更长。在鲸鲨喂食潜点，潜水者可以在鲸鲨身旁游来游去，从容地欣赏这种令人惊叹的生物。

在哪里可以遇见它们

　　几十年前，与鲸鲨相遇还是罕见的事。20世纪80年代，人们在澳大利亚附近发现了首个鲸鲨聚集地，这在当时的潜水圈引起了巨大轰动。自那时起，人们陆续在全世界发现了十几个鲸鲨聚集地，鲸鲨在那些地方捕食、繁殖。澳大利亚的宁格鲁礁就是其中一个热门的鲸鲨观赏地，每年3~8月鲸鲨都在那里聚集。另一个具有代表性的观赏地是澳大利亚的圣诞岛，当年的11月至次年的4月鲸鲨都会在那里聚集，潜水者可前往观赏。

　　还有很多能看到鲸鲨的地方，但在有些地方遇到鲸鲨的随机性较大。不过在下面介绍的这些地方，潜水者肯定可以看到这种庞然大物。在印度尼西亚的极乐湾，潜水者全年可以观赏鲸鲨，看它们从渔民的渔网中吸食小鱼。在菲律宾的奥斯洛布，潜水者也可以全年观赏鲸鲨，不过那里对鲸鲨实行人工喂养，引发了一些争议。当年的11月至次年的5月，潜水者可以去菲律宾的董索和索戈湾看鲸鲨。当年的10月至次年的3月，莫桑比克的托弗海滩也是观赏鲸鲨的好去处。每年的4~5月，鲸鲨还会出现在伯利兹的格兰登沙嘴附近。而在洪都拉斯的乌蒂拉岛，潜水者全年可以看到鲸鲨。

　　到目前为止，最大规模的鲸鲨集群行为于6~9月发生在墨西哥霍尔博克斯岛和穆赫雷斯岛一带。尤其是在7、8月，有几天甚至可以看到数百条鲸鲨在水面吞食金枪鱼卵的场景。夏季，波斯湾和卡塔尔的海岸也会出现大量鲸鲨，不过那里尚未对外开放。

猫鲨科 CATSHARK

FAMILY SCYLIORHINIDAE

猫鲨科是目前鲨鱼各科中最为庞大的一科，已定种的多达 160 种。这些小型鲨鱼栖息在世界各地的浅滩和深海。不过，潜水者常见的猫鲨科鲨鱼种类很少，因为本科大部分鲨鱼的栖息地都不在休闲潜水的范围内。由于体形类似，人们很容易将猫鲨科鲨鱼和其他小型鲨鱼混为一谈，但它们的不同之处在于，雌性猫鲨科鲨鱼的胸鳍位于腹鳍的正上方，而口位于眼睛下方。本科的大多数鲨鱼以卵生的方式繁殖，雌鲨产下的卵鞘上长有卷须，卷须把卵鞘固定在海底。不过，也有少数种类的雌鲨把卵鞘留在输卵管中，以确保幼鲨安全孵化。本科的大多数鲨鱼都是夜行动物。白天，它们躲在洞穴或岩缝里；天黑后，开始捕食各种硬骨鱼、甲壳动物和软体动物。本科的许多鲨鱼具备这样的能力，即吞入海水使胃部隆起，从而使体形变大以吓跑捕食者，或者让自己紧紧地嵌在某处岩缝中。

下面我们将详细介绍潜水者可能遇到的几种具有代表性的猫鲨科鲨鱼。

与鲨共潜

和猫鲨科鲨鱼一同潜水的体验异常美妙。它们白天一般藏在岩礁的缝隙中或懒洋洋地待在海底，一旦潜水者发现它们就可以对其进行一番认真的研究和拍照。本科的大多数鲨鱼在晚上更活跃，会在礁石附近寻找猎物，但这时它们也会对潜水者充满警惕。

白斑斑鲨 CORAL CATSHARK (*Atelomycterus marmoratus*)

　　热带海域中最常见的猫鲨科鲨鱼就是可爱的白斑斑鲨。白斑斑鲨体长约 70 cm，体形修长，体表呈灰色且布满明显的黑白色斑点和条纹。它们栖息在印度洋-西太平洋海域，多出没于浅海，潜水者在巴基斯坦至巴布亚新几内亚的海域都可以看到它们。它们是夜行动物，白天常躲在洞穴里或岩缝中。

在哪里可以遇见它们

　　在印度洋-西太平洋海域夜潜时，潜水者偶尔可以见到白斑斑鲨。虽然有时也能在印度尼西亚和菲律宾的热门潜点见到它们，但是观赏白斑斑鲨的最佳地点还是马来西亚的东海岸附近。白天，白斑斑鲨常在停泊岛周围的礁石缝隙和沉船残骸附近休息；晚上，它们则成群结队地外出觅食。

澳洲绒毛鲨 DRAUGHTBOARD SHARK (*Cephaloscyllium laticeps*)

澳洲绒毛鲨体长约 1.5 m，体表呈灰褐色，上面布满大块的深色斑块和小斑点。和猫鲨科的其他成员一样，澳洲绒毛鲨也常常吞入大量海水使胃部隆起，从而让自己显得更大。澳洲绒毛鲨是潜水者在澳大利亚最常见到的一种猫鲨科鲨鱼，它们生活在新南威尔士州南部至南澳大利亚州一带的浅海，在较为凉爽的维多利亚州和塔斯马尼亚州附近的海域尤为常见。白天，它们常栖息在海底洞穴中，或躲在巨藻丛下；晚上，它们非常活跃，会外出捕食。人们经研究发现，澳洲绒毛鲨往往会在同一地点待很久，很多天都不换住所。通过使用标志重捕法，人们发现有时候它们迁徙的距离可以达到 300 km。

在哪里可以遇见它们

如上所述，潜水者可以在澳大利亚的维多利亚州和塔斯马尼亚州附近的海域见到澳洲绒毛鲨。在维多利亚州，它们偶尔出现在墨尔本和威尔逊岬附近的海域。为了确保见到这种鲨鱼，潜水者可以去塔斯马尼亚州的比奇诺和鹰颈峡这两个地方潜水。

阴影绒毛鲨 BLOTCHY SWELL SHARK（*Cephaloscyllium umbratile*）

　　阴影绒毛鲨体长可达 1 m，体表呈浅褐色，上面布满斑驳的深色花纹。和其他绒毛鲨一样，它们长有小而尖利的牙齿，在晚上捕食小鱼、螃蟹、虾、鱿鱼和章鱼等。它们是日本海域最常见的一种猫鲨科鲨鱼，又被称为"日本绒毛鲨"，主要栖息在日本东海岸至中国台湾这一带海域，可能还生活在中国其他海域。

在哪里可以遇见它们

　　潜水者只在日本东海岸，尤其是伊豆半岛和千叶附近的海域见过阴影绒毛鲨，那一带是观赏日本海域多种鲨鱼的好去处。但即使是在那里，阴影绒毛鲨也并不常见，它们可能生活在更深的地方。

东太平洋绒毛鲨 CALIFORNIA SWELL SHARK (*Cephaloscyllium ventriosum*)

东太平洋绒毛鲨可以通过吸入大量海水使自己的身体膨胀，以恐吓捕食者或让自己嵌在岩缝中。它们的这个特点在猫鲨科大家族中非常有名，所以它们也常被称为"膨鲨"（Swell Shark）。东太平洋绒毛鲨看上去非常可爱，体长可达 1 m，体表有斑驳的褐色花纹及深浅不一的圆点。它们栖息在美国加利福尼亚州向南至智利中部一带的东太平洋海域，常常藏在浅海岩礁处。

在哪里可以遇见它们

东太平洋绒毛鲨的英文俗名直译成中文是"加利福尼亚膨鲨"的意思，顾名思义，美国加利福尼亚州的海域是观赏它们的最佳地点。虽然它们在那里的数量没有以前那么多了，但潜水者还是可以在靠近海岸的岩礁处或卡特琳娜岛等离岸岛屿附近见到它们，其中最佳观赏地是圣巴巴拉附近的里菲吉奥海滩的岩礁处。

埃氏宽瓣鲨 PUFFADDER SHYSHARK (*Haploblepharus edwardsii*)

埃氏宽瓣鲨这种小型鲨鱼体长约 70 cm，体表呈浅褐色，上面有白色斑点和金色带状条纹，看起来非常漂亮。它们是少数几种生活在南非附近的浅海的猫鲨科鲨鱼之一，也是南非海域特有的小型鲨鱼，栖息在厄加勒斯角到夸祖卢-纳塔尔省海域的岩礁处。

在哪里可以遇见它们

在南非附近的海域，尤其是在开普敦周围的很多岩礁处，潜水者都可以见到这种可爱的小型鲨鱼。西蒙镇的米勒点（Miller's Point）是观赏这种鲨鱼的一个热门潜点。

白斑宽瓣鲨 DARK SHYSHARK (*Haploblepharus pictus*)

　　白斑宽瓣鲨是南非海域另一种常见的可爱的小型鲨鱼。和埃氏宽瓣鲨相比，白斑宽瓣鲨体形略小，体长约 60 cm，体表呈褐色，上面布满浅色斑点和深褐色条纹，看起来比较朴素。白斑宽瓣鲨常在南非东伦敦至纳米比亚的海域活动，在这片海域的南部更常见。

在哪里可以遇见它们

　　白天，白斑宽瓣鲨常在浅海岩礁处四处游动。它们中的大多数栖息在南非开普敦西蒙镇的米勒点，潜水者可以去那里观赏它们。

带纹长须猫鲨 PYJAMA CATSHARK (*Poroderma africanum*)

　　南非海域是观赏猫鲨科鲨鱼的好地方，带纹长须猫鲨就是南非海域特有的一种鲨鱼。这种小型鲨鱼体长约 95 cm，身上有独特的暗色竖条纹，很引人注目。它们白天常在洞穴中休息。作为南非特有的鲨鱼，它们栖息在西开普敦省到夸祖卢-纳塔尔省的海域。

在哪里可以遇见它们

　　和南非的其他几种猫鲨科鲨鱼一样，带纹长须猫鲨最常出现在开普敦附近的海域。潜水者可以去西蒙镇的米勒点的岩礁处观赏它们。

虫纹长须猫鲨 LEOPARD CATSHARK (*Poroderma pantherinum*)

虫纹长须猫鲨的体形和它们的近亲——带纹长须猫鲨十分相像，体长约74 cm，但体表覆满豹纹般的黑色花纹。它们白天常躲在岩缝或岩洞中，不像带纹长须猫鲨那么常见。目前，人们只在南非海域发现了这种鲨鱼，它们栖息在萨尔达尼亚湾到索德瓦纳湾一带。

在哪里可以遇见它们

它们是一种主要在开普敦附近的海域出没的猫鲨科鲨鱼，西蒙镇的米勒点依旧是潜水者观赏它们的好地方。

智利短唇沟鲨 REDSPOTTED CATSHARK (*Schroederichthys chilensis*)

　　智利短唇沟鲨是智利附近海域最常见的一种猫鲨科鲨鱼，因此也被称为"智利猫鲨"。 这种可爱的小型鲨鱼体长约 62 cm，体表呈浅褐色，覆有深褐色的带状斑纹，全身布满或深或浅的斑点，虽然它们的英文名是 Redspotted Catshark（红色斑点猫鲨），但它们全身上下并没有红色斑点。它们栖息在秘鲁至智利中部的海域，白天常躲在岩缝中或海藻下。

在哪里可以遇见它们

　　智利短唇沟鲨在智利的温带海域十分常见。潜水者常在圣地亚哥至科金博这一带的海域遇见这种小型鲨鱼，其中拉斯塔卡斯（Las Tacas）潜点附近的岩礁是观赏它们的好去处。

小点猫鲨 LESSER SPOTTED CATSHARK (*Scyliorhinus canicula*)

小点猫鲨是常出现在欧洲附近海域的猫鲨科鲨鱼之一。它们体长约 1 m，全身布满小黑点，栖息在沙质海底，活动范围从浅滩到水下 400 m。它们栖息于北起挪威南至科特迪瓦的大西洋东部海域，以及整个地中海海域。

在哪里可以遇见它们

小点猫鲨在英国附近的海域最常见，尤其是在英国西海岸的威尔士和康沃尔郡附近的海域。潜水者如果去彭布罗克郡的斯科默岛附近潜水，一定会有收获。

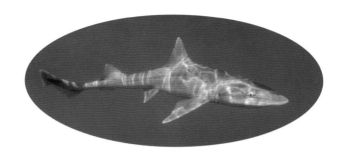

皱唇鲨科 HOUNDSHARK

FAMILY TRIAKIDAE

对皱唇鲨科鲨鱼最好的描述也许就是可爱友好版的真鲨。皱唇鲨科鲨鱼体形较小，大部分体长不超过 1 m，两个背鳍大小几乎一样，大大的眼睛呈椭圆形，吻部较短，有鼻须（从鼻孔伸出的肉质触须）。皱唇鲨科鲨鱼共有 40 种，分布在全世界范围内的热带和温带海域，大多生活在近海，人类常捕捞其中的几种。有些皱唇鲨科鲨鱼常有大规模的集群行为。

皱唇鲨科鲨鱼主要在夜间捕食，它们牙齿小而尖利，以硬骨鱼、章鱼、墨鱼、鱿鱼和螃蟹为食。它们喜爱沙质和泥质环境，大部分时间待在近海海底，常在长满海草的区域活动。它们的繁殖方式为卵胎生，雌鲨一胎产幼鲨 1~50 条不等。

与鲨共潜

皱唇鲨科的所有鲨鱼都对潜水者十分警惕，不喜欢潜水者靠近自己。大部分皱唇鲨科鲨鱼面对诱饵时很淡定，几乎无动于衷，只有栖息在日本海域的一种会被诱饵吸引。所以，潜水者一般很难近距离观察它们或对着它们拍照，只有在浮潜时才有机会接近它们。许多皱唇鲨科鲨鱼喜欢待在浅海湾和港湾处，这些地方一般能见度较差。想要遇见一条皱唇鲨科鲨鱼的唯一方法就是悄悄地潜伏在海底，静静地躲在岩石或海藻后面等待它游过。

翅鲨 SCHOOL SHARK (*Galeorhinus galeus*)

　　翅鲨的英文名直译为中文是"群鲨"的意思，这是因为它们往往会以小型集群的形式出现。翅鲨还有两个很常用的英文名，分别是 Tope Shark 和 Soupfin Shark。翅鲨体表呈灰棕褐色，体形修长，体长可达 2 m，但不同海域的翅鲨体长相差很大。翅鲨栖息在除亚洲东部海域之外的热带和亚热带海域，从浅滩至水深 470 m 的海域都有它们游动的身影。虽然翅鲨分布广泛，但面对潜水者时十分谨慎，所以潜水者见到它们的概率并不大。

在哪里可以遇见它们

　　在澳大利亚墨尔本以及其他为数不多的几个地方的浅海可以见到翅鲨。尽管靠近一条翅鲨绝非易事，但如果想要更多地邂逅翅鲨，最好去美国加利福尼亚的拉霍亚海岸，潜水者整个夏季都有机会在那里与它们相遇。

加利福尼亚星鲨 GREY SMOOTHHOUND SHARK (*Mustelus californicus*)

加利福尼亚星鲨只出现在东太平洋的美国加利福尼亚附近海域及墨西哥西海岸部分海域，普遍栖息在沙质海底。它们体长可达 1.2 m，体表呈均匀的灰褐色，牙齿小而钝，以甲壳动物和无脊椎动物为食。

在哪里可以遇见它们

潜水者很少遇见加利福尼亚星鲨。观赏加利福尼亚星鲨的最佳地点是美国加利福尼亚的拉霍亚海岸，加利福尼亚星鲨及其他几种鲨鱼会在夏季聚集在那里的浅海湾。

大鳍皱唇鲨 SPOTTED GULLY SHARK (*Triakis megalopterus*)

　　大鳍皱唇鲨只生活在非洲南部自安哥拉南部至南非的海域，常躲在岩礁的洞穴中。这种鲨鱼体长约 1.7 m，体表呈灰色或深褐色且布满小黑点，两个背鳍大小几乎相同。大鳍皱唇鲨有时会进行小型集群活动。

在哪里可以遇见它们

　　大鳍皱唇鲨是潜水者可以在南非西蒙镇的米勒点观赏到的另一种鲨鱼。它们面对潜水者时小心翼翼，不过，潜水者在这片海域的大型洞穴中可以经常见到它们。

皱唇鲨 BANDED HOUNDSHARK (*Triakis scyllium*)

　　皱唇鲨是大鳍皱唇鲨在亚洲海域的近亲，这两种鲨鱼的外形和体色相近。皱唇鲨体长大约为
1.5 m，体表呈灰褐色，有隐约的条纹，并不均匀地散布着小黑点。它们牙齿小而锋利，以小鱼以
及无脊椎动物为食。它们普遍生活在西北太平洋从中国台湾北部至西伯利亚南部的浅海海域，常
见于河口和海湾。

在哪里可以遇见它们

　　日本东京南部的千叶县馆山市附近的海域是观赏皱唇鲨的最佳地点。在那里，潜水者可以见到数十条甚至
数百条皱唇鲨。虽然皱唇鲨十分害羞，但那里是鲨鱼喂食潜点，常常吸引数百条皱唇鲨前来，它们已经习惯了
潜水者的存在。

半带皱唇鲨 LEOPARD HOUNDSHARK (*Triakis semifasciata*)

　　半带皱唇鲨的英文俗名译为中文是"豹纹皱唇鲨"，可能是因为它们身上有类似豹纹的斑点吧。它们的俗称虽然是豹纹皱唇鲨，但体表有粗犷的暗色马鞍形图案和深色斑点。人们常把它们简称为 Leopard Shark（豹纹鲨）。半带皱唇鲨体长约 1.8 m，栖息在太平洋东北部的美国附近海域及墨西哥西海岸部分海域。它们常组成大型集群，也经常和其他一些小型鲨鱼共同出没于浅海湾。

在哪里可以遇见它们

　　美国的加利福尼亚海岸是观赏半带皱唇鲨的最佳地点，尤其是在夏季，半带皱唇鲨常聚集在浅海湾。如果潜水者一定要看到半带皱唇鲨以及皱唇鲨科的其他鲨鱼，那么就去加利福尼亚州的拉霍亚海岸，那里也是浮潜的好去处，人们在那里可以见到多种鲨鱼，而且那片海域已经被列为生态保护区。

真鲨科 WHALER SHARK
FAMILY CARCHARHINIDAE

真鲨科大约有 60 种鲨鱼，是一个庞大的鲨鱼家族。真鲨科鲨鱼俗称"安魂鲨"，大多数体形、体色及外貌特征都很相似，鳍的末梢处大多颜色较深。它们通常有两个大小不同的背鳍，臀鳍位于后面的背鳍下方，腹鳍则位于两个背鳍的中下方。

无论在白天还是在晚上，真鲨科鲨鱼都会出去捕食，硬骨鱼、鳐鱼、鲨鱼、甲壳动物和软体动物都是它们的捕食目标。真鲨科鲨鱼中体形较大的成员甚至还捕食海龟、海豚、海豹及鸟类。雌鲨直接将幼鲨生出体外，不同种的雌鲨所产幼鲨的大小差异很大。大多数雌鲨一胎产的幼鲨不足 10 条，但有些雌鲨一胎产的幼鲨数量可达 80~100 条。虽然大部分真鲨科鲨鱼都很胆小，但它们一旦发现水中有食物就会变得十分激动，偶有真鲨科鲨鱼咬伤人类的事件发生。

真鲨科鲨鱼在温带浅海更为常见，少数会出现在热带海域，有些则是孤独的"海洋流浪者"。下面我们将详细介绍潜水者常遇见的 17 种真鲨科鲨鱼。

与鲨共潜

虽说真鲨科的很多鲨鱼在人们眼中都很危险，但事实上，其中大部分鲨鱼对潜水者很警惕，令人难以接近。生活在珊瑚礁附近的真鲨科鲨鱼一般比较惧怕潜水者，会与潜水者保持一定的距离，因此潜水者即使遇到了它们，相遇时间也十分短暂。远洋中的那些真鲨科鲨鱼好奇心则强一

些，对潜水者更感兴趣，因为它们为了寻找食物要游很远的距离，但获得的食物十分有限，所以一旦发现自己身边出现了新东西就要判断这个东西能否食用。

潜水者接近大多数真鲨科鲨鱼的唯一方式就是用诱饵引诱它们靠近。在许多鲨鱼喂食潜点，真鲨科鲨鱼都是最具人气的"明星鲨鱼"。诱饵会激发它们的好奇心，但也会激发它们的攻击性，有时会让它们的行为变得难以预测。但一般来说，它们只对诱饵感兴趣，因此大多会蜂拥至诱饵箱处或喂食者身旁。偶尔，它们也会允许潜水者对着自己拍照。这时，潜水者可以近距离地观察这些体表光滑、身体呈流线型的捕食者。

虽然鲨鱼咬伤人类的事件十分少见，不过真鲨科鲨鱼似乎是少有的具有领土意识的鲨鱼，曾经发生过本科鲨鱼撕咬入侵自己领地的潜水者的事件。真鲨科鲨鱼感觉受到威胁时，就会放慢速度，并用夸张的姿势——背部弓起，胸鳍下垂，头和身体扭来扭去地游动。人们至今都不清楚这种行为的意义，也许和领土意识并无关系。一旦看到鲨鱼做出这样的动作，请迅速离开，不要试图拍照，因为曾经有潜水者在这样的情况下仍然启动闪光灯，几秒钟后就被鲨鱼咬伤了。鲨鱼做出上述行为可能只是想吓唬潜水者，但是为安全起见，潜水者必须迅速离开。

黑吻真鲨 BLACKNOSE SHARK（*Carcharhinus acronotus*）

　　黑吻真鲨可能是本书介绍的所有真鲨科鲨鱼中最鲜为人知、最少被见到的一种。它们体长约1.4 m，鳍很小，有些吻部腹面的尖端呈黑色。黑吻真鲨生活在西大西洋的美国南部至巴西南部的海域，潜水者很少见到它们，不过它们会出现在巴哈马和加勒比海的鲨鱼喂食潜点。

在哪里可以遇见它们

　　当你在加勒比海的珊瑚礁附近遨游时，或许会偶遇一条黑吻真鲨，但最常见到黑吻真鲨的地方还是鲨鱼喂食潜点。在巴哈马南比米尼岛附近，三角岩（Triangle Rocks）和甘岛的蜜月港（Honeymoon Harbour）这两个鲨鱼喂食潜点是黑吻真鲨经常出现的地方。

白边鳍真鲨 SILVERTIP SHARK (*Carcharhinus albimarginatus*)

　　有几种真鲨科鲨鱼的鳍尖都是白色的，好在这几种鲨鱼外形及鳍的形状各不相同，很容易被区分开。白边鳍真鲨体长可达 3 m，一般生活在深海礁石或大断崖附近，印度洋-太平洋的热带海域都有它们的身影。研究人员在印度洋用标志重捕法做的研究表明，白边鳍真鲨常在小范围内巡游。这一特点在鲨鱼喂食潜点尤为明显，同一条白边鳍真鲨总出现在同一个喂食潜点。

在哪里可以遇见它们

　　虽然人们曾在许多地方见过白边鳍真鲨，但只有在少数几个地方潜水者才一定能遇见这种鲨鱼。在澳大利亚，白边鳍真鲨最常出现在鱼鹰礁和埃里奥特夫人岛；在斐济，它们往往出现在贝卡潟湖的比斯特罗、鲨鱼礁以及大教堂等几个鲨鱼喂食潜点；在巴布亚新几内亚，观赏白边鳍真鲨的最佳潜点则是瓦林迪附近的父亲礁（Fathers Reef）；在法属波利尼西亚，潜水者可以去法卡拉瓦环礁和朗伊罗阿环礁观赏它们。白边鳍真鲨的其他观赏地还有墨西哥的索科罗群岛，以及哥伦比亚的马尔佩洛岛。

钝吻真鲨 GREY REEF SHARK（*Carcharhinus amblyrhynchos*）

钝吻真鲨体长约 2.3 m，背和鳍呈灰色，尾鳍边缘颜色深些。它们生活在印度洋-太平洋的热带海域，常出没在海底大断层、浅海珊瑚礁、潟湖等处。它们性格羞涩，只有诱饵才能让它们变得兴奋。

钝吻真鲨极具领地意识，不少潜水者曾被它们咬过。潜水者要尊重它们，接近它们时一定要谨慎，因为它们一旦感觉受到威胁，就会做出前文提到过的特定的行为。

在哪里可以遇见它们

钝吻真鲨常见于它们栖息范围内的海底大断层。在澳大利亚的大堡礁和宁格鲁礁等地，潜水者可以看到较多的钝吻真鲨。不过，在澳大利亚观赏钝吻真鲨的最佳地点是鱼鹰礁的北号角（North Horn）潜点，潜水者在那里往往能看到数十条钝吻真鲨。斐济的贝卡潟湖的比斯特罗、鲨鱼礁及大教堂这几个鲨鱼喂食潜点也吸引了很多钝吻真鲨。巴布亚新几内亚、所罗门群岛及瓦努阿图周围海域的礁石附近也栖息着不少钝吻真鲨。在法属波利尼西亚，尤其是在潟湖的入口处，钝吻真鲨常常数百条成群出现，那里的法卡拉瓦环礁是观赏钝吻真鲨的最佳地点，潜水者在莫雷阿岛、朗伊罗阿环礁以及大溪地一带也可以看到它们。在帕劳，钝吻真鲨常见于蓝角及其他一些地方。雅浦岛、特鲁克潟湖及比基尼环礁附近，也栖息着很多钝吻真鲨。在马尔代夫，钝吻真鲨游弋在所有珊瑚礁附近，当地的钝吻真鲨鳍尖呈白色。在埃及附近的红海海域，潜水者可以在兄弟岛和埃尔芬斯通礁附近发现它们的身影。

短尾真鲨 BRONZE WHALER SHARK (*Carcharhinus brachyurus*)

短尾真鲨的英文名是 Bronze Whaler Shark（直译成中文是"古铜真鲨"的意思），也被称为 Bronzie，因为它们背部呈独特的古铜色。短尾真鲨体长约 2.9 m，头形尖而扁平，生活在全世界范围内的温带和亚热带海域，常出现在深海和浅海的岩礁周围。人们对这种鲨鱼了解不多，据悉，冬天它们会迁徙到温暖的海域，并且常常聚集在一起，捕食成群的鱼。

在哪里可以遇见它们

潜水者与短尾真鲨的相遇地点普遍在深海，且相遇时间比较短暂。短尾真鲨往往出现在潜水者进行深潜或沉船潜水后做安全停留的地方，即基本出现在温暖的海域。潜水者在新西兰的普尔奈茨群岛、澳大利亚新南威尔士州的海岸及南非的珊瑚礁附近深潜时曾和它们有过短暂接触。不过，观赏短尾真鲨的最佳地点当属南非东海岸，短尾真鲨在当地被称为"铜鲨"（Copper Shark）。每年的 6~7 月，那里都会出现沙丁鱼迁徙的奇观，那时候短尾真鲨就会聚集到那里，享用沙丁鱼盛宴。那时的它们专注于捕食沙丁鱼，将完全忘记潜水者的存在。潜水者在南非德班附近的阿利瓦尔浅滩也可以遇见它们。

镰状真鲨 SILKY SHARK（*Carcharhinus falciformis*）

镰状真鲨是优雅的远洋漫游者，体形修长，体长可达 3.3 m，背鳍较小。它们生活在全世界范围内的热带海域，常以大型集群的方式出现在海底山以及深海断崖附近。这种鲨鱼大多性格比较羞涩、内敛，但是有些体形较大的颇为大胆、好奇心极强，曾撞击和咬伤过潜水者。

在哪里可以遇见它们

镰状真鲨是一种远洋鲨，它们常出现在西大西洋及东太平洋热带海域的珊瑚礁附近，有时也出现在墨西哥湾的石油钻井平台附近。一旦发现有鲨鱼喂食活动，它们就会数以百计地出现。它们是美国佛罗里达西海岸丘辟特水湾（Jupiter Inlet）鲨鱼潜点的常客，也常造访墨西哥下加利福尼亚半岛和索科罗岛、哥斯达黎加的科科斯岛、哥伦比亚的马尔佩洛岛及厄瓜多尔加拉帕戈斯的达尔文岛和沃尔夫岛附近的海域。它们还出现在古巴南部的鲨鱼喂食潜点——王后花园群岛（the Gardens of the Queen）。

直翅真鲨 GALÁPAGOS SHARK (*Carcharhinus galapagensis*)

直翅真鲨看起来和钝吻真鲨近似，但直翅真鲨的头形更圆润些，尾鳍边缘很少呈深色。直翅真鲨体长约 3 m，背部呈灰褐色。这种鲨鱼可能也具有领地意识，因为人们曾观察到它们会以极慢的速度游动，同时扭动头部和身体，做出类似于钝吻真鲨受到威胁时所做的动作。直翅真鲨遍布世界各地的热带岛屿和珊瑚礁。

在哪里可以遇见它们

潜水者只在很少的几个地方见到过直翅真鲨。直翅真鲨的俗名是"加拉帕戈斯鲨"，显而易见，这种鲨鱼在厄瓜多尔加拉帕戈斯群岛附近比较常见。它们还常出现在墨西哥的索科罗岛、哥伦比亚的马尔佩洛岛、哥斯达黎加的科科斯岛，以及澳大利亚的豪勋爵岛。

低鳍真鲨 BULL SHARK (*Carcharhinus leucas*)

　　低鳍真鲨体长约3.4 m，吻部短而圆，体形丰满，看起来十分健壮，人们很容易将它们和其他鲨鱼区分开。它们常见于世界各地的亚热带及热带海域。低鳍真鲨大概是所有鲨鱼中最危险的，是多起鲨鱼伤人事件的罪魁祸首。它们似乎更喜欢栖息在不太清澈的近海海域，比如运河河口、港湾、海湾，甚至还会出现在淡水水域，人们曾在亚马孙河里发现过低鳍真鲨。低鳍真鲨伤人事件大多发生在较为浑浊的水域，因此这些伤人事件可能仅仅是因为它们看不清而引发的。

在哪里可以遇见它们

　　虽然低鳍真鲨常出现在河流和人工运河等潜水者很少涉足的地方，但是潜水者也可以在珊瑚礁周围发现它们的身影。要想确保看到这种健壮的鲨鱼，唯一的方法就是参与鲨鱼喂食活动。在少数几个鲨鱼喂食潜点，潜水者可以看到低鳍真鲨。在斐济，低鳍真鲨是贝卡潟湖的比斯特罗、鲨鱼礁以及大教堂这几个鲨鱼喂食潜点的"明星"，最佳观赏时间为每年的2~10月。在南非，潜水者可以到德班附近的霸王花海堤的鲨鱼喂食潜点观赏它们。墨西哥卡门海滩的鲨鱼喂食潜点，当年的11月至次年的3月，也会吸引低鳍真鲨到来。在巴哈马比米尼一带的潜点，为了吸引双髻鲨，潜水中心每年1~3月开展鲨鱼喂食活动，低鳍真鲨只是不速之客，全年都可能出现在那里。

黑边鳍真鲨 BLACKTIP SHARK（*Carcharhinus limbatus*）

　　黑边鳍真鲨体形修长，肌肉发达，体长约 2.5 m，吻部较尖，身体两侧有特殊的白色条纹，鳍尖呈黑色。它们经常以大型集群的形式出现在世界各地的热带海域，据说会进行迁徙。黑边鳍真鲨也比较胆小、害羞，当它们附近出现大型鲨鱼时，这一特点尤为突出。因此，如果没有诱饵，潜水者很难接近它们。

在哪里可以遇见它们

　　潜水者不会经常遇见黑边鳍真鲨，浮潜时比水肺潜水时遇见它们的概率大。在澳大利亚大堡礁附近的几个潜点，潜水者可以见到黑边鳍真鲨，不过在埃里奥特夫人岛见到它们的机会更多。在巴哈马的沃克岛，一个名为"沙克罗德奥"（Shark Rodeo）的鲨鱼喂食潜点常引来黑边鳍真鲨。在法属波利尼西亚的钝吻真鲨群中，有时也可以看到黑边鳍真鲨。不过，观赏黑边鳍真鲨的最佳地点是南非德班的阿利瓦尔浅滩，那里的鼬鲨喂食潜点往往会吸引大量黑边鳍真鲨前来，在体形庞大的鼬鲨到来之前，这些黑边鳍真鲨十分大胆、活跃。

长鳍真鲨 OCEANIC WHITETIP SHARK (*Carcharhinus longimanus*)

    长鳍真鲨体长可达 4 m，胸鳍很长，鳍尖圆润，比较独特。它们面对潜水者时好奇心很强，面前出现诱饵时，就会变得有攻击性。它们是一种远洋鲨，栖息在世界各地的热带和暖温带海域，很少到离陆地近的地方。长鳍真鲨曾被认为是地球上数量最多的大型动物，但由于被过度捕捞，它们的数量急剧减少。

在哪里可以遇见它们

    长鳍真鲨常在远洋巡游，很少靠近礁石或陆地，不过，还是有几个地方能让潜水者近距离地观察这些庞然大物的。在埃及附近的红海海域，潜水者可在一些孤立的珊瑚礁处遇见长鳍真鲨，其中最佳观赏地是兄弟岛和埃尔芬斯通礁。每年的4~5月，潜水者还可以去巴哈马卡特岛的鲨鱼喂食潜点与它们邂逅。

污翅真鲨 BLACKTIP REEF SHARK（*Carcharhinus melanopterus*）

真鲨科的许多鲨鱼鳍尖呈黑色，但这个特征最明显的要数污翅真鲨。污翅真鲨体表呈浅灰色，所有的鳍尖都是黑色的，就连尾鳍和胸鳍的边缘也是黑色的。污翅真鲨体长最长可达1.8 m，但平时人们很少见到超过1.2 m的。它们普遍生活在印度洋–太平洋的热带浅海海域，常在礁坪捕食，尤其是在退潮时——聚集在礁坪边缘，抓住时机捕食因退潮而受困的鱼类。研究人员用标志重捕法进行的研究显示，污翅真鲨的栖息地比较固定，活动范围仅限于几平方千米之内。

在哪里可以遇见它们

在污翅真鲨的栖息范围内，潜水者经常与它们相遇。但它们十分羞怯，只有在鲨鱼喂食潜点才会靠近人类。法属波利尼西亚是观赏污翅真鲨的好地方，它们生活在博拉博拉岛、莫雷阿岛及大溪地的岩礁处，常出现在那些地方的鲨鱼喂食潜点。它们还常出现在斐济贝卡潟湖的比斯特罗、鲨鱼礁及大教堂这几个鲨鱼喂食潜点。在所罗门群岛的韦皮岛，潜水者也可以见到污翅真鲨。在澳大利亚大堡礁和宁格鲁礁附近，污翅真鲨也很常见，赫伦岛和埃里奥特夫人岛的礁坪也都是观赏它们的好去处。此外，它们还经常出现在帕劳和密克罗尼西亚的雅浦岛一带。潜水者还可以在马尔代夫的诸多潜点见到污翅真鲨。

灰真鲨 DUSKY SHARK (*Carcharhinus obscurus*)

　　灰真鲨体长可达 4 m，体表呈灰色，尽管它们身体两侧有隐约的白色条纹，但吻和鳍的形状与真鲨科其他鲨鱼的非常相像，所以，人们很容易把它们和真鲨科的其他成员混为一谈。它们生活在全世界范围内的温带和暖温带海域，潜水者在浅海礁石处和近海可以看到它们。据资料记载，灰真鲨曾出现在水深 400 m 处。

在哪里可以遇见它们

　　灰真鲨虽然很少见，但它们可能在任何鲨鱼喂食潜点露面。不过，它们经常出现的地方并不多。这些地方包括美国路易斯安那州威尼斯附近的近海海底山和石油钻井平台、佛罗里达州的丘辟特水湾一带的鲨鱼喂食潜点。每年的1~6月，潜水者在澳大利亚悉尼的曼利浅湾也可以看到成群的灰真鲨幼鲨。

佩氏真鲨 CARIBBEAN REEF SHARK（*Carcharhinus perezii*）

　　佩氏真鲨生活在加勒比地区美国南部到巴西一带温暖海域的礁石处，它们体长约 3 m，体形健壮，吻部短而圆，体表呈灰褐色。潜水者如果在珊瑚礁附近潜水，和佩氏真鲨的相遇往往十分短暂。而在加勒比海的鲨鱼喂食潜点，观赏佩氏真鲨已成为一项极为流行的活动。

在哪里可以遇见它们

　　巴哈马这个岛国周围有许多成熟的鲨鱼喂食潜点，是观赏佩氏真鲨的绝佳去处。在大巴哈马岛，佩氏真鲨常见于鱼尾滩（Fish Tales）和鲨鱼巷（Shark Alley）这两个鲨鱼喂食潜点。而在拿骚，两个著名的鲨鱼喂食潜点鲨鱼舞台（Shark Arena）和仑韦（The Runway）也吸引了众多佩氏真鲨。在位于巴哈马长岛名为"鲨鱼礁"（Shark Reef）的潜点，以及沃克岛的一个名为"鲨鱼竞技点"（Shark Rodeo）的潜点也能看到许多佩氏真鲨。其他可供潜水者观赏佩氏真鲨的地方还有圣马丁岛的大妈妈礁、洪都拉斯的罗阿坦岛，以及古巴的王后花园群岛附近的诸多潜点。

鼬鲨 TIGER SHARK (*Galeocerdo cuvier*)

鼬鲨是真鲨科鲨鱼中体形最大的一种，它们体长约 5.5 m，吻部圆而宽，体表有一道道深色的横条纹，虽然这些横条纹的颜色会随着鼬鲨年龄的增长而逐渐变浅，但这仍然是它们区别于其他鲨鱼的一个重要特征。鼬鲨分布在世界各地的热带及暖温带海域，可能会根据水温迁徙，目前人们对这种鲨鱼的了解尚少。

鼬鲨生活在不同的环境：礁石附近，海湾及远洋。它们几乎将遇见的任何东西，无论是否可食用，都当作食物。虽然人们普遍认为鼬鲨很危险，也的确发生过鼬鲨袭击人类的事件，但除非周围有诱饵，否则鼬鲨面对人类时十分害羞和谨慎。不过，潜水者面对鼬鲨时还是要小心谨慎。虽然它们游动速度很慢，并且看起来很温顺，但它们转身的速度非常快，有可能在毫无预警的情况下撞向或咬住潜水者。

在哪里可以遇见它们

没有诱饵的话，人们一般很难见到鼬鲨。它们可能出现在任意一个鲨鱼喂食潜点，但有几个地方潜水者去后在大多数情况下能看到这些行动缓慢的庞然大物。要想看到大量鼬鲨，最好去巴哈马的大巴哈马岛的老虎滩（Tiger Beach）和鱼尾滩这两个潜点。但在 7、8 月时，它们可能离开这两个潜点。德班附近的霸王花海堤以及阿利瓦尔浅滩的鲨鱼喂食潜点也会吸引鼬鲨，最佳观赏时间是 3~6 月。鼬鲨还经常出现在斐济贝卡潟湖的比斯特罗、鲨鱼礁以及大教堂这几个鲨鱼喂食潜点。

短吻柠檬鲨 LEMON SHARK (*Negaprion brevirostris*)

　　短吻柠檬鲨体长约 3.4 m，两个背鳍大小几乎相同，是真鲨科鲨鱼中易于辨认的一种。"柠檬鲨"这个叫法源于它们有点儿泛黄的体色。它们生活在东太平洋和大西洋的热带海域，是真鲨家族中少数几种栖息在海底的鲨鱼之一，喜欢栖息在浅海珊瑚礁、潟湖和红树林处，有时也以大型集群的形式出现。潜水者偶尔能在珊瑚礁附近见到它们，但它们是鲨鱼喂食潜点的常客。

在哪里可以遇见它们

　　对潜水者来说，短吻柠檬鲨罕见，这是因为它们喜欢待在非常浅的海域中，而这些地方潜水者往往不会涉足。短吻柠檬鲨常大量出现在大巴哈马岛北部的鲨鱼喂食潜点——老虎滩和鱼尾滩。虽说那两个地方的鼬鲨更为出名，但是一旦数十条短吻柠檬鲨聚到那里，就会为喂食者带去全新的体验——短吻柠檬鲨可能跟随船只在水面巡游，也可能在海底穿梭，还可能突然停在海底，在潜水者身边休息。和它们共潜的确是一种享受。短吻柠檬鲨还常出现在美国佛罗里达州丘辟特水湾的珊瑚礁和沉船残骸处。

尖齿柠檬鲨 SICKLEFIN LEMON SHARK (*Negaprion acutidens*)

  尖齿柠檬鲨外表酷似短吻柠檬鲨，只不过体形略小，体长约 3.1 m，它们生活在印度洋至太平洋中部的热带海域，喜欢在浅海湾、潟湖和礁坪附近活动，很少出现在珊瑚礁附近。它们很喜欢免费的食物，经常光临鲨鱼喂食潜点。

在哪里可以遇见它们

  在浅海礁石处比在珊瑚礁附近更容易遇见尖齿柠檬鲨。在澳大利亚，浮潜者常在赫伦岛周围的礁坪上见到它们。而在法属波利尼西亚，可以去博拉博拉岛、莫雷阿岛及大溪地的鲨鱼喂食潜点见它们。还可以去斐济贝卡潟湖的比斯特罗、鲨鱼礁及大教堂这几个鲨鱼喂食潜点与它们见面。

大青鲨 BLUE SHARK（*Prionace glauca*）

　　大青鲨是一种看起来十分优雅的远洋鲨，背部呈蓝色，体长约3.8 m，纤细的体形、长长的吻部、瘦长的胸鳍和大大的眼睛都是它们区别于其他鲨鱼的特征。它们分布在全世界的热带和温带海域。以前，世界上有许多大青鲨，但由于鱼翅产业的发展，捕鲨者在全世界范围内用延绳钓的方法捕鲨，导致大青鲨数量急剧减少。大青鲨会进行长距离迁徙，一个实例可以说明这一点——人们曾经在澳大利亚塔斯马尼亚岛附近为一条大青鲨做了标记，后来在印度尼西亚的爪哇岛再次捕获了它。大青鲨大部分时间待在深海中，但有时在晚上会去较浅的近海捕食。

在哪里可以遇见它们

　　大青鲨好奇心很强，遇见潜水者时会靠近观察。不过，由于它们是远洋漫游者，所以潜水者很少在礁石附近见到它们，而吸引它们的唯一方式还是用诱饵。

　　要想观赏大青鲨，潜水者有如下选择：当年的10月至次年的7月，去南非开普敦附近的开普角的近海鲨鱼喂食潜点；而每年的7~10月，则可以去亚速尔群岛的皮克岛；每年的7~10月，还可以选择去罗得岛（此外，美国圣地亚哥、加利福尼亚海域几乎全年都有大青鲨出没）；夏天，去英国康沃尔郡的纽基或去墨西哥的洛斯卡沃斯一带也很不错。潜水者按照这里的时间和地点潜水的话，不仅可以见到大青鲨，还可以遇见尖吻鲭鲨，可谓一举两得。

灰三齿鲨 WHITETIP REEF SHARK （*Triaenodon obesus*）

　　灰三齿鲨体长约 2.1 m，背部呈灰褐色并有黑色斑点，背鳍和尾鳍鳍尖呈白色，吻部短而圆。灰三齿鲨常见于印度洋-太平洋海域的珊瑚礁附近。它们在夜里捕食，意志坚定，为了捕获食物，常在岩壁下方或硬珊瑚中穿梭。白天，它们在礁石间缓缓巡游，也会在海底或洞穴中休息。灰三齿鲨既集群活动，也单独行动。研究显示，它们的活动范围有限。

在哪里可以遇见它们

　　灰三齿鲨对人类很警惕，但当它们在海底或洞穴中休息时，潜水者往往可以靠近它们。灰三齿鲨是鲨鱼喂食潜点的常客，有时会从喂食者身后鬼鬼祟祟地凑过来，甚至会从喂食者的双腿间钻过。

　　灰三齿鲨常见于珊瑚礁附近。潜水者可以看到大量灰三齿鲨的地方有：澳大利亚的鱼鹰礁、斐济贝卡潟湖的诸多鲨鱼喂食潜点、哥伦比亚的马尔佩洛岛，以及哥斯达黎加科科斯岛的许多潜点。在科科斯岛，潜水者可以在夜潜时体验令人震撼的"灰三齿鲨风暴"——数十条甚至数百条灰三齿鲨在礁石之上汇集成群，寻找猎物。

双髻鲨科 HAMMERHEAD SHARK

FAMILY SPHYRNIDAE

　　双髻鲨科鲨鱼头部形状奇特，像一个锤子头，在水下见到这些鲨鱼的确令人惊叹。双髻鲨科和真鲨科的鲨鱼是近亲，除了头部形状的差别极大之外，这两个家族的鲨鱼体形相似，鳍的特征也近似，只是双髻鲨科鲨鱼的背鳍更大些。双髻鲨科鲨鱼被认为是晚进化出的鲨鱼，它们宽阔的头部构造强化了它们的视觉、嗅觉及电磁接收能力，同时有助于它们在游动时保持身体平衡。它们形状特殊的头部的优势在捕食时就体现出来了——能将猎物逼到海底，让猎物难以逃走。雌鲨的繁殖方式为卵胎生，每胎产的幼鲨较多，最多可达 40 条。幼鲨的头部十分灵活，但刚出生时头部两侧的"锤子头"是向后折的。

　　目前，人们共发现了 10 种双髻鲨科鲨鱼，而每一种的饮食习惯似乎都不同。其中，块头比较大的一般以鲨鱼、大型硬骨鱼、甲壳动物、章鱼、鱿鱼，尤其是鳐鱼为食；而块头比较小的则以甲壳动物、小鱼以及软体动物为食。

　　双髻鲨科鲨鱼大多喜欢独来独往，有些有时也以集群的形式出现，但它们为什么以大型集群的形式活动至今还是个谜。人们曾观察到那些集群繁殖和捕食的双髻鲨科鲨鱼。

　　双髻鲨科鲨鱼虽然被认为具有潜在的危险性，但除非看到诱饵，平时它们大多比较害羞。它们会去浅海珊瑚礁附近捕食和繁殖，但目前潜水者只见过 3 种双髻鲨科鲨鱼。

与鲨共潜

双髻鲨科鲨鱼面对潜水者时小心谨慎，一看到潜水者吐出的泡泡，就转身游走。只有那些携带着循环呼吸器的潜水者才可以靠近它们。不过如果潜水者缓慢呼吸、躲在低处或岩石后面，它们就有可能游过来。而当它们以大型集群的形式活动时，即数以百计的双髻鲨科鲨鱼成群结队地游动时，潜水者不必太靠近就可以欣赏这独特的"双髻鲨风暴"。

无沟双髻鲨是双髻鲨科中胆子最大的鲨鱼，但即使是这样，除非水中有诱饵，否则潜水者一般还是很难见到它们。潜水者最初看到几条无沟双髻鲨在自己身边游动时，可能害怕和担心，但实际上无沟双髻鲨几乎没有攻击性，它们通常无视潜水者的存在，除非潜水者拿着诱饵。

路易氏双髻鲨 SCALLOPED HAMMERHEAD SHARK (*Sphyrna lewini*)

路易氏双髻鲨体长约 3.5 m，背部呈灰褐色，头部前缘呈波浪形——这个特征使得它们很容易被人辨认出来。它们分布在世界范围内的热带和暖温带海域，以大型集群的形式活动，人们认为它们会随着水温的变化迁徙。

在哪里可以遇见它们

在许多地方，例如澳大利亚、巴布亚新几内亚、菲律宾、马来西亚、印度尼西亚、日本、马尔代夫、埃及及墨西哥等地的潜点都可以看到路易氏双髻鲨大量聚集在一起的场景——动人心魄的"路易氏双髻鲨风暴"。不过，"路易氏双髻鲨风暴"的形成具季节性且难以预测，因此潜水者在上述这些地方并不一定就能看到它们。而在加拉帕戈斯、哥伦比亚的马尔佩洛岛及哥斯达黎加的科科斯岛，潜水者可以经常看到令人震撼的"路易氏双髻鲨风暴"，并终生难忘。

无沟双髻鲨 GREAT HAMMERHEAD SHARK (*Sphyrna mokarran*)

　　无沟双髻鲨体长大约可达 6 m，体形庞大，背鳍极高，它们现身时常令潜水者感到震撼。无沟双髻鲨基本属于独居动物，分布在全世界的热带至暖温带海域，它们比较大胆，愿意靠近潜水者，尤其是在潜水者拿着诱饵时。

　　无沟双髻鲨是一种凶猛的肉食性动物，几乎只以鳐鱼为食。在百慕大群岛，潜水者曾看见一条无沟双髻鲨追捕一条魟，这条无沟双髻鲨利用大大的头部将魟逼到海底再一口咬住。潜水者还看到过头部（包括口）插着魟的数十根刺的无沟双髻鲨，而这些刺原本是魟抵御天敌的工具，但显然它们在无沟双髻鲨面前毫无用武之地。

在哪里可以遇见它们

　　潜水者很少遇见无沟双髻鲨，与它们为数不多的相遇也只是瞬间的事。它们偶尔会被吸引到鲨鱼喂食潜点，而其他鲨鱼看起来对它们充满警惕。

　　只有一个地方基本可以保证潜水者只要去就能观赏到这种令人印象深刻的鲨鱼——巴哈马的比米尼。在过去的10年间，当年的12月至次年的3月，比米尼附近的鲨鱼潜点都会引来大量无沟双髻鲨。

锤头双髻鲨 SMOOTH HAMMERHEAD SHARK (*Sphyrna zygaena*)

锤头双髻鲨和路易氏双髻鲨外形非常相似，只是头部边缘弧度更大、更平滑些。它们体长约 4 m，分布在全世界的温带和亚热带海域，有的栖息在浅海，有的栖息在深海。冬天，它们会迁徙到更温暖的海域，并经常以大型集群的形式出现。

在哪里可以遇见它们

潜水者遇见锤头双髻鲨的随机性很大，虽然锤头双髻鲨会时不时地游到鲨鱼喂食潜点，但是没有一个地方可以确保潜水者去就能见到它们。有些地方，去的话潜水者遇见它们的概率稍大些，比如墨西哥的洛斯卡沃斯、美国夏威夷的毛伊岛。

与鳐、鲼共潜

鳐鱼和鲼鱼与鲨鱼有着密不可分的联系，有点儿像身体扁平的鲨鱼。它们与鲨鱼一样种类多样，共有 13 科 630 种。与不同的鳐鱼和鲼鱼共潜乐趣无穷。

鳐鱼和鲼鱼的典型特征就是那与胸鳍融为一体的脑袋，它们中的大多数有杆状或鞭状的细长尾巴，少数因尾巴和鲨鱼的很像而常被误认为鲨鱼。区分它们和鲨鱼最简单的方法就是看鳃的位置，所有鳐鱼和鲼鱼的鳃都位于腹面，而鲨鱼的鳃则在身体侧面或背部。

鳐鱼和鲼鱼大多生活在沙地，常从沙子中挖掘猎物。它们牙齿小而钝，以小鱼或无脊椎动物为食。最大的鲼鱼——前口蝠鲼和蝠鲼都是滤食性动物，以浮游生物为食。大多数鳐鱼和鲼鱼的繁殖方式为卵胎生，只有鳐（第 170 页）为卵生动物。

过度捕捞导致鲨鱼数量急剧减少，所以相较于鲨鱼，潜水者与鳐鱼和鲼鱼相遇的概率更大。有些鳐鱼和鲼鱼面对潜水者时十分羞怯，见吐着泡泡的生物靠近自己就马上逃走；也有些面对潜水者时非常淡定，允许潜水者靠近并观察自己；还有些看起来很享受人类的陪伴，喜欢在潜水者周围游来游去。

潜水者发现了一条斑纹南犁头鳐（Eastern Fiddler Ray, *Trygonorrhina fasciata*）

电鳐 ELECTRIC RAY

在潜水者能遇见的鳐鱼中，电鳐可能是最奇怪的一类。目前人们已知的电鳐约有 70 种，它们看起来胖胖的，躯干呈圆盘状，尾巴很短。它们可以通过肌肉的运动释放高达 220 V 的电压，潜水者一旦触摸了一条电鳐，就会产生终生难忘的感觉。但其实电鳐和所有鳐鱼一样温顺，只在捕食或防御时才启用这种电击功能。

电鳐喜欢藏在沙土下，不容易被发现，大多数潜水者发现它们纯属偶然。电鳐游得很慢，不会因为人类的存在而快速游走，所以潜水者一旦发现一条电鳐，就有充分的时间对着它观察和拍照。

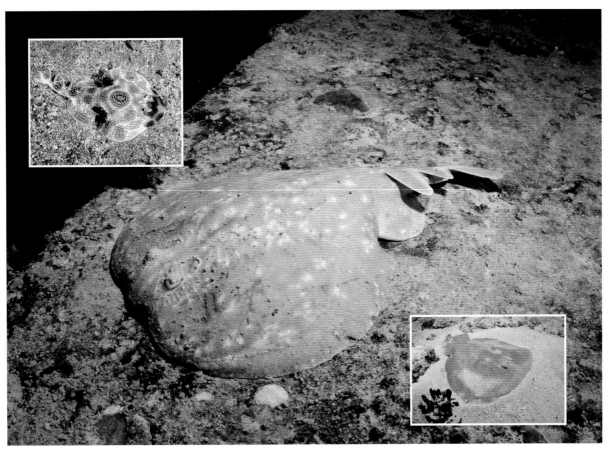

不同种类的电鳐外形差异很大，例如大图中的魔电鳐（Panther Electric Ray，*Torpedo panthera*）、左上方小图中的背斑双电鳐（Bullseye Electric Ray，*Diplobatis ommata*）、右下方小图中的单鳍澳洲睡电鳐（Coffin Ray，*Hypnos monopterygius*）

犁头鲼 SHOVELNOSE RAY

犁头鲼看上去就像是鲼鱼的头和鲨鱼的身体的结合体，因此很多人误以为犁头鲼是鲨鱼。其实它们和所有鲼鱼一样，鳃位于腹面。

人类已知的犁头鲼共有 49 种，它们还有一个英文名——Guitarfish（吉他鱼）。它们头呈三角形或圆形，有的块头很大，体长约 3 m，不过大部分体长在 1 m 左右。和大多数鲼鱼一样，犁头鲼也喜欢藏在海底沙地下。不过，有些犁头鲼还喜欢躲进海草和海藻丛中。潜水者常可以近距离观察犁头鲼并对着它们拍照。

下面是潜水者可能遇到的几种犁头鲼。从左上图开始按照顺时针的方向依次为：洁背强鳍鲼（Banded Guitarfish, *Zapteryx exasperata*）；杜氏南犁头鲼（Southern Fiddler Ray, *Trygonorrhina dumerilii*）；许氏犁头鲼（Yellow Guitarfish, *Rhinobatos schlegelii*）；澳洲尖犁头鲼（White-spotted Shovelnose Ray, *Rhynchobatus australiae*，属于尖犁头鲼科）

扁魟 STINGAREE

　　扁魟体形较小，小而圆的躯干和短短的尾巴是它们的典型特征。它们的尾巴上长有一根小小的尾刺，这根尾刺在它们被踩到或被逼到绝境时用作防御武器。

　　扁魟约有 40 种，大多分布在澳大利亚附近的海域。扁魟十分胆小，容易紧张，大部分时间躲在沙层下，一旦发现有人靠近自己，它们就会迅速离开，扬起一阵沙。不过，如果它们成群结队地活动，胆子就会稍微大些，这时它们还会像叠罗汉一样，一条趴在另一条上面。

扁魟身上往往有精致、独特的图案。从左上图开始按顺时针方向依次为：圆盘扁魟（Circular Stingaree, *Urolophus circularis*）、带纹扁魟（Banded Stingaree, *Urolophus cruciatus*）、昆士兰鹞扁魟（Common Stingaree, *Trygonoptera testacea*）、多斑大尾扁魟（Bullseye Stingaree, *Urobatis concentricus*）

魟 STINGRAY

目前，人类已知的魟约有 70 多种，大多生活在浅海。不同的魟体形和大小差异很大，有的体宽约 30 cm，而有的体宽约 3 m；有的尾巴很短，有的尾巴很长，像长长的鞭子。它们扁平的身体有的呈圆形，有的呈椭圆形，还有的像风筝。魟的习性也千差万别，许多体形较小的魟很谨慎，在潜水者靠近它们前就早早逃开；而体形较大的比较大胆，潜水者可以近距离观察它们。

大多数魟都十分温顺，但它们的尾巴上几乎都长着一根像匕首一样锋利的尾刺，尾刺既可以用来自卫，也可以用来对付那些试图抓住它们或把它们逼到角落的潜水者。潜水者如果想和魟近距离接触，最好的办法就是去它们的喂食点，在那里，魟已经习惯了潜水者的存在，会围在潜水者身边争抢食物。那时候，魟的尾刺并不会对潜水者造成太大威胁，潜水者需要注意的是它们强有力的嘴巴。它们抢夺食物时，可能咬到潜水者的手指。它们的嘴巴咬起东西来像老虎钳一样有力，甚至能把手指咬碎。

以下是潜水者常遇到的几种魟。下面从左上图开始按顺时针方向依次为：美洲魟（Southern Stingray, *Dasyatis americana*）、短尾魟（Smooth Stingray, *Dasyatis brevicaudata*）、蓝斑条尾魟（Blue-spotted Fantail Ray, *Taeniura lymma*）、迈氏条尾魟（Blotched Fantail Ray, *Taeniura meyeni*）

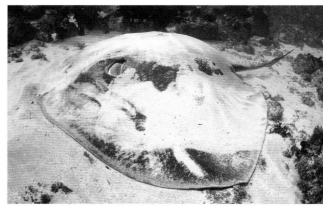

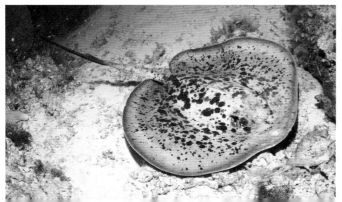

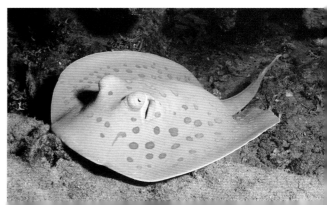

鳐 SKATE

鳐是整个鳐鱼这个大家庭中最原始的一个家族，它们是卵生动物，产下的卵被称为"美人鱼的钱包"。鳐和魟外形十分相似，但鳐的尾巴上没有尾刺，扁平的身体和尾巴上长有许多尖锐的棘，用于防御和自卫。现在已知的鳐有 200 多种，大部分生活在深海。不过，潜水者有时也可以在温带海域见到生活在浅海的鳐，它们大部分都允许潜水者靠近自己。

各种鳐外形、大小及颜色各异，但都十分迷人。从左上图开始按顺时针方向依次为：小星鳐（Starry Skate，*Raja stellulata*）；棘背钝头鳐（Thorny Skate，*Amblyraja radiata*）；惠氏长吻鳐（Melbourne Skate，*Dipturus whitleyi*）；莱氏齿鳐（Thornback Skate，*Dentiraja lemprieri*）

锯鳐 SAWFISH

锯鳐较为独特，外形似鲨鱼，吻细长，吻两侧嵌着外露的牙齿。锯鳐利用强大的吻捕食，这个器官同时具有防御功能。有些锯鳐体长可达 7 m，看起来巨大无比。虽然它们有令人生畏的锯状吻和庞大的体形，但面对潜水者时仍然小心谨慎，潜水者很难靠近它们。

锯鳐分布在全世界的热带海域，但常从海中游到淡水水域，很多锯鳐生活在水质浑浊的河流及河口，所以潜水者很少见到它们。潜水者很少遇见锯鳐的另一个原因是锯鳐科下的 7 种锯鳐全部濒临灭绝。

图中是栉齿锯鳐（Smalltooth Sawfish，*Pristis pectinata*），被发现于美国佛罗里达州丘辟特附近的海域。潜水者一般很少见到这种鳐鱼

燕魟 BUTTERFLY RAY

　　燕魟也是潜水者能够见到的比较奇怪的一类鱼。人类已知的燕魟有 14 种，身体宽度从 1 m 至 3 m 不等，体形扁平，向两侧张开的胸鳍如同翅膀，尾巴很短。它们大多生活在浑浊的河口，常藏身于沙土中，几乎可以达到隐身的效果。潜水者很难找到它们，它们也对潜水者心怀警惕。当它们身上没有遮蔽物时，更愿意游向深蓝的大海。

日本燕魟（Japanese Butterfly Ray，*Gymnura japonica*）分布在西北太平洋的诸多海域，最常见于日本海域

大燕魟（Spiny Butterfly Ray，*Gymnura altavela*）生活在大西洋，最佳观赏地是加纳利群岛附近

牛鼻鲼 COWNOSE RAY

　　牛鼻鲼和鹞鲼亲缘关系很近，乍一看它们似乎长得很像，但牛鼻鲼的头部形状更加独特。牛鼻鲼属共有9种牛鼻鲼，它们都对潜水者非常警惕，让人难以靠近。它们普遍生活在热带和亚热带海域，常以大型集群的形式出现。当成百上千条牛鼻鲼从潜水者上方掠过时，潜水者一定会被这一场"牛鼻鲼风暴"震撼住。

大图是一大群澳洲牛鼻鲼（Australian Cownose Ray，*Rhinoptera neglecta*）聚集在澳大利亚布里斯班海域；小图是摄影师在墨西哥穆赫雷斯岛附近拍到的一条大西洋牛鼻鲼（Atlantic Cownose Ray，*Rhinoptera bonasus*）

鹞鲼 EAGLE RAY

　　鹞鲼常在珊瑚礁周围遨游，游动的身姿非常优雅。观赏鹞鲼是一种享受。鹞鲼家族中有22种成员，所有成员都长有尾刺。它们在海底捕食，喜欢湍流，即使在强流中，也能不费吹灰之力地让身体保持一动不动。鹞鲼的警惕性很强，潜水者很难靠近它们。偶尔有一条大胆的鹞鲼允许潜水者在近处观察自己，或者开心地在潜水者周围游来游去。

纳氏鹞鲼（Spotted Eagle Ray，*Aetobatus narinari*）是潜水者最常见到的一种鹞鲼，潜水者在全世界的珊瑚礁处都有可能与它们相遇

前口蝠鲼和蝠鲼 MANTA RAY & MOBULA RAY

前口蝠鲼和蝠鲼都是鲼科的成员。

前口蝠鲼的吻很宽，便于浮游生物进入，吻两侧长有头鳍。前口蝠鲼属只有 2 种前口蝠鲼，它们的体形远远大于鲼科的其他成员。这种庞然大物对潜水者却十分友善、宽容，大多愿意和潜水者嬉戏，在潜水者四周游动，允许潜水者对着自己拍照和观察，也常停留在潜水者上方，让潜水者吐出的泡泡给它们的肚皮"挠痒痒"。前口蝠鲼的好奇心非常强，被认为是板鳃亚纲中最聪明的生物。

蝠鲼属的 9 种蝠鲼体长在 1~5 m 不等。和前口蝠鲼不同，蝠鲼的头部较窄，吻位于腹面，其中的许多种都长有尾刺。它们往往成群活动，难以接近，一旦发现潜水者靠近就马上游走。

大图是体形巨大的阿氏前口蝠鲼（Reef Manta Ray，*Manta alfredi*），十分友善；小图是下口蝠鲼（Atlantic Mobula Ray，*Mobula hypostoma*），生性羞怯

鲨鱼摄影

与鲨共潜乐趣颇多，的确令人心潮澎湃。而鲨鱼摄影则完全不同，我们的两位摄影师就可以证实这一点。我们见过的鲨鱼种类远远多于被镜头拍下的，因为许多鲨鱼天性羞怯，这使得拍摄鲨鱼变得极具挑战性。

拍摄任何鲨鱼，甚至是一条大型鼬鲨，摄影师都要近距离接触它们

在陆地上拍摄野生动物时，摄影师大多使用超长焦镜头进行远距离拍摄。但要想在水下拍出好照片，摄影师需要靠近被拍摄物。绝大多数鲨鱼摄影作品都是用广角镜头拍摄的，而且在大多数情况下，摄影师离鲨鱼最远也只有 2 m 的距离。水会吸收光线，同时水中还有许多漂浮物，因此摄影师无论是用卡片机、数码单反相机还是摄像机，要想拍出高质量的鲨鱼摄影或摄像作品，都需要离鲨鱼很近。

许多鲨鱼并不喜欢摄影师靠近自己，这是最大的问题。因此，了解不同鲨鱼的习性、知道该如何靠近鲨鱼就显得十分重要。水中没有诱饵的话，许多鲨鱼看到摄影师时都小心翼翼的，不允许摄影师距离自己 10 m 以内。须鲨、猫鲨、虎鲨之类的底栖鲨往往比较容易接近。但无论面对的是哪种鲨鱼，摄影师靠近它们的最佳方法都是放慢呼吸、从侧面慢慢靠近。这个方法在接触大多数底栖鲨时都很有用，也可以用来接触一部分巡游鲨。不过，面对许多害羞且胆小的鲨鱼时，摄影师要更隐蔽，例如躲在岩石后面，避免与鲨鱼进行眼神接触，要做出自己完全无视鲨鱼的样子，这样，鲨鱼才有足够的信心在摄影师附近行动。也有一些巡游鲨，例如大青鲨、长鳍真鲨以及锥齿鲨等本身就好奇心强且十分大胆。对于这些鲨鱼，摄影师大可等待它们慢慢靠近自己，而不必匆匆忙忙地拍照。

对着大多数大型鲨鱼，例如双髻鲨，拍摄的小技巧就是：让自己的身体尽可能低，并尽可能离鲨鱼更近

千万不要把自己的视线局限在取景器上。在广角镜头的帮助下，你可以在按快门的同时，始终用另一只眼睛观察鲨鱼的行踪。这样，当两条鼬鲨在你周围打转时，你可以及时应对

　　拍摄大多数鲨鱼时，摄影师都可以用广角镜头；但对着小型鲨鱼（比如猫鲨和斑点长尾须鲨）时，用微距镜头也很容易出大片。还有一些鲨鱼在夜潜时更容易遇见，当它们在海底休息或在礁石间寻找食物时，用微距镜头可以拍出很好的鲨鱼头部或眼部特写照。

　　给鲨鱼打光也是鲨鱼摄影中的一个难题。拍摄大型鲨鱼，如鲸鲨和姥鲨时，最好利用自然光，而且拍这些鲨鱼时一般禁用闪光灯。拍那些在海面附近游动的鲨鱼，如大青鲨和噬人鲨时，为了让画面的色彩更饱满，建议补一些光。

　　一旦水深超过 6 m，大多数光就会被水吸收，因此摄影师需要用闪光灯或通过其他方式补光。

外置闪光灯或摄影灯是摄影师的最佳辅助光源，它们不仅可以使被拍摄对象的色彩丰富起来，还可以减少反向散射。不过，在鲨鱼喂食潜点使用外置光源时，会出现反向散射的问题，这是因为水中不可避免地漂浮着一些食物颗粒。这时，最好的解决方法就是让光源离相机远一些，并定时在液晶显示屏上确认图像质量。另外，摄影师还可以顺着水流方向拍摄，这样可以避免食物残渣出现在镜头中，将反向散射的影响降到最小。在鲨鱼喂食潜点还会遇到的另一个问题就是，其他鱼过来争抢食物并挡在镜头前。有时喂食者会用其他诱饵引诱这些鱼离开，但在大多数情况下，摄影师只能静静地等待，在这些鱼离开后再开始拍摄鲨鱼。

拍摄鲨鱼时，强烈建议手动控制光圈大小和快门速度。拍摄巡游鲨时，至少要用 1/125 s 的

在鲨鱼喂食潜点，鲨鱼并非唯一被诱饵吸引来的生物。这时，摄影师们不得不面对大量其他种类的鱼挡在镜头前的局面

快门速度来抓拍它们游动的动作。拍摄在暗处休息的底栖鲨时，要把快门速度调慢些，以 1/30 s 或者 1/60 s 为佳。光圈大小一般视快门速度而定，但是感光度为 100 或 200 时，把光圈设为 f/8 是个很好的选择。由于数码相机技术的发展，不少相机在感光度调得很高时，所拍摄的照片仍然有很好的表现力。在拍摄某些种类的鲨鱼时，高感光度是必须的。凌晨在菲律宾的马拉帕斯加拍摄浅海长尾鲨时就要调高感光度：由于禁用闪光灯，所以要想记录下这些令人印象深刻的鲨鱼，唯一的方法就是把感光度调到 3 000 以上，将快门速度调为 1/125 s，使用快门优先模式，并让相机自动选择光圈大小。

　　用相机的自动设置功能拍鲨鱼效果不错，但有时存在一些局限性。摄影师会发现：如果相机

用相机镜头捕捉鲨鱼的精彩瞬间的过程永远不会非常顺利，因为大部分鲨鱼见到潜水者时都十分谨慎，往往直接游走

自动选择的快门速度不够快，那么拍摄快速移动的鲨鱼时，拍出的照片就模糊不清。摄影师还会发现：拍摄巡游鲨时，照片可能曝光不足或过曝，具体取决于你选取的背景的颜色以及你对焦的是鲨鱼身体的哪个部位。几乎所有鲨鱼的腹部都呈白色，背部和身体两侧颜色则深些，这种强烈的对比可能让相机的传感器无所适从。为了避免出现这个问题，最好将鲨鱼的腹部或背部作为主体进行拍摄。

对一张鲨鱼大片来讲，成败的关键在于构图。通常来讲，最好让鲨鱼尽可能充满画面，而且最好是鲨鱼正游进画面而非游出画面，这样看照片的人会觉得鲨鱼在与自己互动。拍摄时要考虑的另一个问题就是背景或前景，这往往可能成就或毁掉一张大片。让一名潜水者入画将起到很好的标尺作用，同时也让照片中有了"人"的元素，但如果潜水者正看向别处，或只是随意地穿过画面，那么就会破坏画面的整体性。找一名水下模特是一个很好的解决办法，不过摄影师和模特之间要有默契，模特要懂得摄影师对画面的要求。拍摄礁石附近的巡游鲨时，可以尝试将色彩鲜

拍摄波氏虎鲨这样的底栖鲨时，过程十分有趣而且比较容易，因为它们允许潜水者靠近自己

在鲨鱼喂食潜点拍摄鲨鱼绝非易事，因为鲨鱼们常常蜂拥而至，摄影师很容易错过它们的动作。摄影师要尽可能靠近喂食者或诱饵箱，这样可以捕捉到鲨鱼，比如这张照片中的镰鳍柠檬鲨夺取食物的瞬间

艳的礁石或者海绵设为前景。拍摄底栖鲨时，试着降低镜头的高度，让镜头和鲨鱼的视线持平，以获得更好的拍摄效果。拍摄时还要避开对画面产生干扰的事物，如水中的气泡、锚绳、垃圾以及诱饵等。

　　在鲨鱼喂食潜点拍摄时，摄影师不要将视线局限于取景器，一定要每隔几秒钟就环顾一下四周，看看鲨鱼都在什么地方，确认一下周围的情况，这样既可以确保自己不错失背后或两侧的壮观场面，又可以避免发生危险。有些摄影师因为不小心而被鲨鱼咬到，还有些摄影师因为没有随时确认周围的情况而被好奇的鲨鱼抢走了备用相机。

　　最后我们想说的是：享受鲨鱼摄影的乐趣吧！不要把自己限制在取景器后，要时不时地放下相机，体会并享受此情此景。

热门鲨鱼潜点

　　目前，全世界的鲨鱼的数量正逐步减少，这令人非常遗憾。尽管如此，我们仍然可以在全世界的许多潜点见到这些壮观的海洋生物。在有些潜点，潜水者可能要非常幸运才能邂逅一条鲨鱼；在另一些潜点，总有一些鲨鱼自然地出没。全世界范围内，令人在水下惊叹不已的鲨鱼潜点有数百个，我们选择了其中的 10 个热门潜点，这些也都是我们最喜爱的潜点。当然，我们还没有遍访世界的每一个鲨鱼潜点，而且我们最喜爱的潜点名单一直在更新，但在下面即将介绍的潜点，我们总能遇到大量鲨鱼，并收获难忘的经历。

这是南非德班的阿利瓦尔浅滩的一个鲨鱼喂食潜点，看起来热闹而和谐

鱼岩，西南岩石区，澳大利亚

澳大利亚附近的海域是许多鲨鱼的家园，也是观鲨的好地方。虽然潜水者常在大堡礁和宁格鲁礁见到鲨鱼，但是观赏不同种类的巡游鲨和底栖鲨的最好地点要属新南威尔士州附近的海岸。那里有许多热门潜点，其中西南岩石区最有魅力。

西南岩石区是一座美丽的度假小镇，位于澳大利亚海岸线的中北部、悉尼向北约 465 km 处，拥有美妙的沙滩。鱼岩（Fish Rock）是那里的一个鲨鱼潜点，潜水者可以在鱼岩享受美妙的潜水之旅。那里最具吸引力的就是鱼岩洞（Fish Rock Cave）。这个神奇的海中洞穴长约 125 m，高度在 12~24 m 之间，在鱼岩洞潜水总让人感觉畅快不已。

在鱼岩，最具吸引力的鲨鱼是锥齿鲨。它们大多聚集在鱼岩最南边的海沟处，但是潜水者在鱼岩周围的任何地方都可以遇见它们，甚至在较浅的洞穴入口处也可以看到它们，常有数十条锥齿鲨同时出现在潜水者眼前。通常情况下，在鱼岩，潜水者全年都能见到锥齿鲨，但由于锥齿鲨会迁徙，所以它们的数量会随季节波动。每年的 5~8 月，约有 100 多条锥齿鲨挤入海沟，由于数量太多，它们互相碰撞，有时也可能撞到潜水者。

在鱼岩，须鲨也很常见，斑纹须鲨、饰妆须鲨和赫尔须鲨全年生活于此。斑纹须鲨和饰妆须鲨尤为普遍，潜水者常常一潜就可以见到数十条。生活在鱼岩的赫尔须鲨体形很大，一般体长超过 2.5 m，但不像前两种鲨鱼那么常见，潜水者一潜往往最多只能看到两三条。瓦氏长须鲨也比较常见，但它们一般躲在岩壁或礁石下方，很难被发现。

在鱼岩，潜水者可以见到成群结队的路易氏双髻鲨。不过，并不是每一次都能见到令人震撼的"双髻鲨风暴"。

在鱼岩，潜水者还可以见到低鳍真鲨，但这种鲨鱼很害怕潜水者，所以不要期待能和它们有近距离的接触。

在鱼岩，短尾真鲨也很常见，尤其是在夏季，它们往往在潜水者进行安全停留时出现，令人印象非常深刻。

鱼岩潜水数据
鲨鱼种类：锥齿鲨、斑纹须鲨、饰妆须鲨、赫尔须鲨、瓦氏长须鲨，偶见路易氏双髻鲨、低鳍真鲨及短尾真鲨
能见度：平均为水下 12~18 m
最佳观鲨时间：全年

锥齿鲨在鱼岩的海沟处巡游

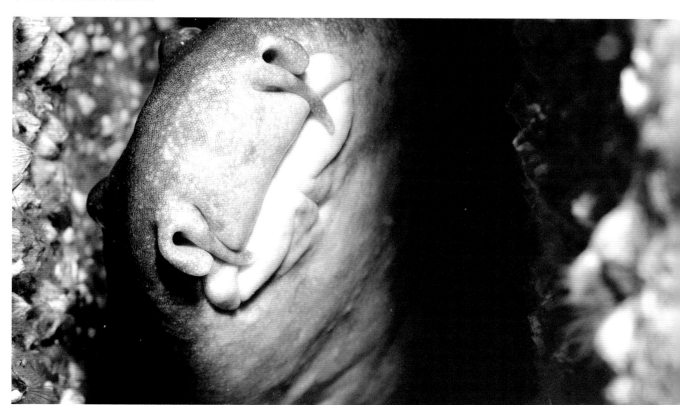

小小的瓦氏长须鲨藏在岩壁下

朱利安岩礁，拜伦湾，澳大利亚

拜伦湾位于澳大利亚新南威尔士州北部的海岸上，有迷人的沙滩和被热带雨林覆盖的山丘，是背包客、冲浪者、嬉皮士以及休闲度假人士的理想目的地。潜水者可以去那里探寻岩礁和沉船，其中最热门的潜点是朱利安岩礁（Julian Rocks）。

朱利安岩礁周围有海沟、岩壁和洞穴，深度从 6 m 至 25 m 不等。那里是一片亚热带海洋保护区，热带和温带生物和谐地栖息在那里。常见的生物包括岩礁鱼、上层浮游鱼、石斑鱼、魟、前口蝠鲼、鹞鲼及海龟，当然，鲨鱼种类也很多。

如果想见到大量须鲨，就去朱利安岩礁吧。斑纹须鲨、饰妆须鲨和赫尔须鲨是那里比较常见的 3 种底栖鲨。无论从哪里下潜，潜水者都可以看到在海底游动、在洞穴里休息或挤在暗礁缝隙中的须鲨。潜水者几乎每一潜都可以看到几十条须鲨，有时甚至超过 100 条，因此那里是全世界最独特的鲨鱼潜点之一。在那里，潜水者还可以观赏到瓦氏长须鲨、点纹斑竹鲨以及偶尔出现的科氏异须鲨。这类鲨鱼十分害羞，常躲在岩石和暗礁下方，比较难被发现。

每年夏天（当年的 12 月至次年的 4 月），豹纹鲨会涌入朱利安岩礁。在豹纹鲨出现的高峰期，潜水者一潜可能就能见到十几条豹纹鲨，而平常一潜只能见到 2~6 条。每年的 5~10 月，另一种季节性鲨鱼——锥齿鲨会出现在那里。虽然潜水者几乎全年都可以在那里见到锥齿鲨，但冬季它们的数量最多。这些面相凶猛但性情温顺的鲨鱼喜欢在朱利安岩礁最东边的海沟处出没，在高峰期，潜水者一潜就可以看到十几条甚至更多的锥齿鲨。在朱利安岩礁，潜水者还曾在冬天见到低鳍真鲨以及数量惊人的噬人鲨。

总之，在全年的任何时间，朱利安岩礁都是绝佳的潜水目的地。

朱利安岩礁潜水数据
鲨鱼种类：斑纹须鲨、赫尔须鲨、饰妆须鲨、瓦氏长须鲨、点纹斑竹鲨、豹纹鲨、锥齿鲨，偶尔可见科氏异须鲨、低鳍真鲨以及噬人鲨
能见度：平均为水下 10~15 m
最佳观鲨时间：全年

豹纹鲨是朱利安岩礁的夏日拜访者

在朱利安岩礁，全年可见大量斑纹须鲨

比斯特罗，贝卡潟湖，斐济

以前，贝卡潟湖以美妙的软珊瑚闻名潜水界，近年来，那里的鲨鱼变得更出名。这要追溯到1997年，当时，当地的潜水运营商水上健行公司（Aqua Trek）决定向当地的珊瑚礁（当时那里珊瑚白化非常严重）倒入鱼类残渣，看看能否吸引一小部分鲨鱼前来。他们得到了当地村民的允许，在珊瑚礁湖进行试验。花几个月在同一地点有规律地投喂后，他们惊喜地发现，开始有大量的鲨鱼出现在珊瑚礁附近，尤其是体形庞大的低鳍真鲨。在之后的几个月中，他们开始给鲨鱼进行人工喂食，潜水者这才得以体验见到多条大型鲨鱼的兴奋感。他们把这个潜点命名为"比斯特罗"。现在，比斯特罗已成为全世界知名的鲨鱼潜点。

比斯特罗潜点水深约 18 m，水下有 2 艘沉船的残骸。鲨鱼喂食区位于一片岩壁环绕的地方，潜水者可以在岩壁坐等欣赏 50~100 条被食物吸引到这里的鲨鱼。

比斯特罗的"大明星"是低鳍真鲨，有十几条常年生活在那里，强壮的它们总给潜水者留下深刻的印象。它们已经变得训练有素，知道要按规矩行事，否则就无法得到食物。而每到繁殖期（当年的 11 月至次年的 1 月），那里的低鳍真鲨数量就会减少。

有时更令人难忘的是白边鳍真鲨。这些游速很快的鲨鱼会在潜水者身边转来转去，距潜水者非常近，有时甚至可能不到 10 cm。而游速较慢的尖齿柠檬鲨和长尾光鳞鲨沉着冷静，常常数十条一起在岩壁的两侧巡游。不过，当它们想得到一块诱饵时，也会爆发出惊人的速度。

在比斯特罗，灰三齿鲨和钝吻真鲨也比较常见。这两种鲨鱼比其他鲨鱼体形小，更喜欢待在岩壁后或在珊瑚礁上方游动。有时，钝吻真鲨也会鬼鬼祟祟地冒出来夺走一块诱饵。虽然在那里污翅真鲨也很常见，但是这种害羞的鲨鱼更喜欢待在浅滩。而最让人印象深刻的当数鼬鲨。在大多数情况下，只有一条鼬鲨出现，有时候会出现两条，这时场面就更热闹了。其他鲨鱼比较怕鼬鲨，会主动给鼬鲨让道，因此这种体形庞大、游速缓慢的鲨鱼很快就会得到食物。不过，鼬鲨是否出现是无法预测的，有时它们几个星期也不出现一次。

比斯特罗并非贝卡潟湖唯一的鲨鱼喂食潜点。在这个鲨鱼喂食潜点尝试成功后，其他一些潜水运营商也开始开展鲨鱼喂食活动。上文提及的鲨鱼在鲨鱼礁和大教堂这两个潜点也会出现。另外，研究人员用标志重捕法做的研究结果显示，这些鲨鱼在这 3 个潜点之间不停地游荡。

尖齿柠檬鲨是潜水者在比斯特罗可以见到的最特别的一种鲨鱼

比斯特罗的"大明星"当属低鳍真鲨

比斯特罗潜水数据

鲨鱼种类：低鳍真鲨、钝吻真鲨、灰三齿鲨、污翅真鲨、长尾光鳞鲨、白边鳍真鲨、尖齿柠檬鲨及鼬鲨

能见度：一般为水下 12~20 m

最佳观鲨时间：全年。但当年的 11 月至次年的 1 月，低鳍真鲨数量较少

鲨鱼集结地，伊户，日本

这个喂食潜点位于伊户附近的一座小渔村（距离东京2小时路程）。水深20 m处是沙层，周围是火山礁，生长着很多软珊瑚，吸引了不少鲨鱼和鳐鱼前来捕食。

当地的潜水者盐田花了5年时间来让皱唇鲨适应水中的潜水者。起初，皱唇鲨无法容忍他出现在水中，因此他把诱饵放到礁石上，过段时间再来看看皱唇鲨是否吃掉了诱饵。5年之后，皱唇鲨才变得大胆起来，开心、兴奋地在潜水者身旁游动。

用锚把船固定后，潜水者聚集在黑色的火山沙处，准备参与喂食活动。这里有大量皱唇鲨和赤魟，当潜水者下潜时，它们已经等在喂食点了。在潜水的前半程，盐田看管好诱饵，让潜水者先在能见度较高的情况下享受和鲨鱼们共潜的时光。当团队中的摄影师拍完照片后，他才会打开诱饵箱，开始给这些海洋生物喂食。

在喂食结束前，盐田会把剩余的诱饵倒在岩石上。每当这时，场面就变得一片混乱。鲨鱼们争先恐后地冲向诱饵，生怕食物被抢光。这就是这个潜点的名字——"鲨鱼集结地"（Shark Scramble）的由来。鲨鱼们由于过分激动，往往做出大幅度的动作，掀起大量沙石，使水下能见度变得很低。但这非常值得体验！

食物一旦被抢光，鲨鱼们就会马上平静下来，继续慢慢地在礁石周围巡游，有些在寻找可能残留的食物，有些在沙地上休息、消化腹中的食物。这时是潜水者悄悄地尾随它们并拍摄特写的绝佳时机。

有时日本团扇鳐会混在赤魟中。幸运的话，潜水者可能还会见到日本扁鲨，不过它们在那片区域罕见。喂食结束后，如果仔细搜寻附近的岩壁，常常可以看到一两条宽纹虎鲨在阴影处休息，静静地等待夜幕降临。

鲨鱼集结地潜水数据
鲨鱼种类：皱唇鲨、宽纹虎鲨以及少量日本扁鲨
能见度：水下10~20 m
最佳观鲨时间：全年，但每年的4~10月更适合潜水

幸运的潜水者可能会遇见可爱的宽纹虎鲨

鲨鱼集结地的最大魅力就是拥有大量皱唇鲨

图玛库华河口，法卡拉瓦环礁，法属波利尼西亚

有些鲨鱼潜点很大，潜水者在那里能见到大型鲨鱼；有些潜点的鲨鱼种类繁多；但潜水者很难找到鲨鱼数量比法卡拉瓦环礁南端河口处的更多的潜点了。实际上，整个法卡拉瓦环礁都被鲨鱼环绕，已被联合国教科文组织列为海洋生物圈保护区。

涨潮和退潮时，河道中水流速度很快，在特定的时间里，往往会出现200条甚至更多的鲨鱼。因此保守估计，潜水者一潜就可以看到400~500条鲨鱼。

潜水者从河口的一侧下潜到斜坡，停留在暗礁处，就可以看到鲨鱼划动鳍从身边游过，径直向上游去。这些鲨鱼群大部分由钝吻真鲨组成，但其中往往混入20~30条白边鳍真鲨。有时，几条块头很大但羞涩的黑边鳍真鲨会待在河口的另一端，远离潜水者。河口底部还有一小群灰三齿鲨待在那里，面向水流方向休息。

这里的水流持续多久，鲨鱼群的巡游就持续多久。鲨鱼一旦到达河口的另一端，就会顺流而下，重新回到巡游的队伍中，再次逆流而上。至于它们为什么一次又一次地这么做，至今还是个谜。这可能是它们的某种社交行为，也可能是它们为了捕获被湍急的水流冲得四散的小鱼。

在图玛库华河口，一潜结束后，潜水者将升水时，会收获额外的惊喜。河口旁的浅滩，有一处被称为"游泳池"的保护区。数十年来，当地渔民都在那里清洗他们的渔获物，被丢弃的渔获物引来大量的波纹唇鱼（拿破仑隆头鱼）和污翅真鲨。因此，在进行安全停留时，潜水者常可以看到十几条污翅真鲨沿着斜坡游动，而在水面时，这些鲨鱼的行为更激烈，因为它们习惯了渔获物撒向水面的声音，只要听到类似的声音，就会蜂拥而至。所以，在这片区域，潜水者只要用手掌拍击水面，鲨鱼们就会游过来看看。

图玛库华河口潜水数据
鲨鱼种类：钝吻真鲨、白边鳍真鲨、黑边鳍真鲨、灰三齿鲨以及污翅真鲨
能见度：水下 20~30 m
最佳观鲨时间：全年

在图玛库华河口潜水，潜水者可以见到数百条钝吻真鲨

图玛库华河口的钝吻真鲨

马尔佩洛岛，哥伦比亚

马尔佩洛岛是一座长约 1.6 km 的岩石岛屿，位于巴拿马西海岸以西 40 小时船程的地方。岛上只有荒凉的火山岩，除了 3 种当地特有的蜥蜴以及一队哥伦比亚士兵以外，那里几乎杳无人烟。

虽然岛上的陆地一派荒芜，但水下的岩礁却生机勃勃。深海的上升流为那里的海洋生物带来营养丰富的食物。在那里，深海生物比比皆是。成群结队的路易氏双髻鲨组成的强大的集群，不断在岛屿周围环游。偶尔会有几条鲨鱼离开集群，游到"清洁站"寻求清洁服务——长时间的海洋之旅让它们的身上积聚了很多寄生虫，"清洁站"的"清洁工"——隆头鱼和神仙鱼会把这些寄生虫清除干净。

马尔佩洛岛有很多直翅真鲨，还有不少镰状真鲨和白边鳍真鲨，但它们的数量没有路易氏双髻鲨那么多。在浅滩斜坡上，也常有不少灰三齿鲨一同挤在岩缝当中，以免吸引它们那些身躯庞大的鲨鱼亲戚的注意。由于海水温度不断升高，在过去的几年里，鼬鲨开始向马尔佩洛岛的大量礁石迁徙。

在夏季，潜水者常可以看到鲸鲨绕着主岛环游。在马尔佩洛岛见到的这些海洋巨兽的体形比在加勒比海域或南太平洋以及印度洋看到的更大。到了凉爽的冬日，鲸鲨就会离开马尔佩洛岛。幸运的话，潜水者还可能在更深的岩壁处遇见罕见的凶猛砂锥齿鲨。它们是锥齿鲨的近亲，体形更为宽大，常出现在深海，但每年有很短的一段时间会来到相对浅的海域。即使这样，它们活动的区域也往往在水深 60 m 甚至更深处，但这并不能阻挡勇敢的、经验丰富的潜水者寻找凶猛砂锥齿鲨的步伐。它们一旦到达栖息区，就十分温顺，允许潜水者靠近自己。

东太平洋还有一些很棒的潜点，如科科斯岛和加拉帕戈斯岛，潜水者在这两个地方也会遇见类似的鲨鱼，但所获的体验均不及在马尔佩洛岛与鲨共潜的体验。

马尔佩洛岛潜水数据
鲨鱼种类：路易氏双髻鲨、直翅真鲨、镰状真鲨、白边鳍真鲨、凶猛砂锥齿鲨、灰三齿鲨、鲸鲨，偶见鼬鲨
能见度：水下 10~40 m
最佳观鲨时间：大部分种类的鲨鱼全年可见，但凶猛砂锥齿鲨在 1~4 月更常见，鲸鲨则在夏天更常见

成群的路易氏双髻鲨是马尔佩洛岛的一大引人之处

潜水者如果想见到少见的凶猛砂锥齿鲨，就要前往海洋更深处

鱼尾滩，大巴哈马岛，巴哈马

巴哈马是全世界潜水观鲨的最佳去处。在这个岛国的各个地方，无论是在自然状态下还是在组织有序的鲨鱼喂食活动中，潜水者都能与鲨鱼相遇。巴哈马最著名的鲨鱼潜点为老虎滩，但它附近还有一个不错的潜点，即鱼尾滩。

鱼尾滩在大巴哈马岛的最西端，是一处孤立的岩礁，深度约为 10~14 m，连着一片平缓的沙地，礁石上覆盖着珊瑚，岩礁鱼在四周游来游去，是一个探寻无脊椎动物的好地方。不过，每一名潜水者来鱼尾滩都是为了观鲨。船一旦停在鱼尾滩，鲨鱼就会出现，甚至在人们抛撒诱饵前，鲨鱼就已经等在那里了。潜水者常能看到数十条短吻柠檬鲨紧随船后，甚至影响了潜水者入水。

潜水者下潜后，常看到鲨鱼在沙地上进食的景象。短吻柠檬鲨的队伍中不但有佩氏真鲨、铰口鲨的身影，往往还有少量鼬鲨。几条鼬鲨常在潜水者周围慢慢巡游，有时甚至会撞到潜水者，潜水者要一直留意周围的情况。在鱼尾滩出现的鼬鲨也会到老虎滩转转，船员们对它们都很熟悉，甚至给它们起了名字，比如胡克、艾玛和女王等。

鱼尾滩的鼬鲨令人印象深刻。而短吻柠檬鲨极具好奇心，行为也最为散漫。它们或躺在海底，或靠在潜水者身边休息和享受清洁服务。铰口鲨很有趣，它们常挤到诱饵箱前，吃到几口食物才心满意足地离开。最为活跃的成员当属十几条佩氏真鲨，这些身姿优雅的鲨鱼在潜水者和喂食者周围游来游去，但它们畏惧鼬鲨，只是偶尔偷偷地拿走些食物。

一旦吃完食物，鲨鱼们就随意游动，混在潜水者当中。鱼尾滩的魅力之一就是潜水者可以拍到鲨鱼在沙地、岩礁或珊瑚礁附近巡游的照片。潜水者升水做安全停留，并不意味着潜水结束。这时，短吻柠檬鲨和佩氏真鲨还会继续在潜水者身边绕来绕去，这常使潜水者的停留时间从 3 分钟变成 30 分钟。即使仅仅和短吻柠檬鲨短暂地玩耍，也能让潜水者获得十足的乐趣。

在鱼尾滩，鲨鱼的种种行为的确令人难以置信，且令人心满意足。

鱼尾滩潜水数据
鲨鱼种类：鼬鲨、短吻柠檬鲨、佩氏真鲨、铰口鲨，偶见无沟双髻鲨
能见度：一般为水下 20~30 m
最佳观鲨时间：全年

鱼尾滩的鼬鲨非常友好，潜水者时常会被 3 条甚至更多胖乎乎的鼬鲨包围

在鱼尾滩，潜水者入水时也充满乐趣，短吻柠檬鲨常守候在入水处

比米尼沙滩，南比米尼，巴哈马

在热带海域的任意一个鲨鱼喂食潜点，潜水者见到无沟双髻鲨的机会都比较渺茫，因为双髻鲨大家庭中这个数量最庞大的家族的成员行踪飘忽不定。没有任何一个潜点能确保潜水者只要下水就可以看到这种庞然大物。所以，在得知巴哈马的一个潜点有大量无沟双髻鲨出没后，潜水者们开始成群结队地奔赴那里。

比米尼沙滩位于南比米尼西海岸，是一片水深只有 5 m 的沙质海床。冬天，无沟双髻鲨聚集在那里，捕食鳐鱼。这个潜点除了鱼以外只有沙和海藻，之前并没有正式名称，大家就以附近的码头——比米尼沙滩为它命名。虽然当地的渔民一直都知道比米尼有无沟双髻鲨，但直到比米尼鲨鱼实验室（Bimini Shark Lab）开始对这些鲨鱼进行研究后，那里的无沟双髻鲨才在潜水界广为人知。当地的潜水中心"斯图尔特湾"（Stuart Cove）在 2012 年举办的鲨鱼喂食活动火爆非凡。自那时起，比米尼沙滩就成了一个热门的鲨鱼潜点。

和一小群（4~6 条）无沟双髻鲨共潜一定会令潜水者印象深刻。这些鲨鱼体长在 3~4.5 m 不等，一旦看到被撒入水中的诱饵，就会游过来，观察食物和潜水者。初见它们，潜水者可能感到紧张和不安。但当心跳慢慢平缓下来，并意识到这些庞然大物只是充满好奇且举止谨慎，潜水者就可以尽情享受这场美妙的潜水之旅了。

此外，经常有十几条甚至更多的铰口鲨加入无沟双髻鲨的队伍，每当诱饵箱被打开时，铰口鲨就会试着把嘴巴伸到箱子里面。低鳍真鲨则不会那么积极主动，它们会在诱饵箱附近徘徊，特别谨慎，不敢叼走这些诱饵。不过，低鳍真鲨喜欢偷偷地出现在人们背后，所以潜水者要一直当心自己的身后。如果有太多的低鳍真鲨游到那里，它们就会"挤走"无沟双髻鲨，而这时喂食者就会把诱饵拿走，把船停靠在附近的另一个潜点。还有种罕见的情况，就是鼬鲨也可能出现在那里。

无论怎样，几条无沟双髻鲨同时在潜水者周围游弋，这已经足以让比米尼沙滩具有强大的吸引力了。

比米尼沙滩潜水数据
鲨鱼种类：无沟双髻鲨、低鳍真鲨、铰口鲨及罕见的鼬鲨
能见度：一般为水下 20~30m
最佳观鲨时间：当年的 12 月至次年的 3 月

可以和无沟双髻鲨近距离接触，使得比米尼沙滩成为一个独具魅力的热门鲨鱼潜点

无沟双髻鲨

米勒点，福尔斯湾，南非

大多数潜水者去福尔斯湾的目的都是偶遇噬人鲨。在海豹岛，潜水者可以看到这些庞然大物在水面不断追逐软毛海豹，这绝对是不容错过的景象。不仅如此，福尔斯湾还会给潜水者更多的惊喜。从西蒙镇出发，经过一段短短的船程到达米勒点后，潜水者会惊讶地发现那里的水下世界宛如被海草覆盖着的仙境，那里栖息着笨拙的扁头哈那鲨、6 种猫鲨，以及害羞的大鳍皱唇鲨。

不同于世界其他海域茂密的"海藻森林"，福尔斯湾的水中植物大多是竹海藻。这种海藻只有一根长茎，长茎上长着数片叶子，它们浮在水面上，因此下面的礁石是裸露的，潜水者很容易从礁石上方游过。能见度较高时，潜水者能看到一幅令人兴奋的场景——长着一副远古鲨鱼面孔的扁头哈那鲨游弋在竹海藻间，慢条斯理地寻找食物。

在米勒点，猫鲨也不稀奇，它们或者在珊瑚周围游动，或者挤进岩缝中，等待夜幕降临。白斑宽瓣鲨和身上有精美图案的埃氏宽瓣鲨这两种鲨鱼的数量很多。另外，潜水者只要花点儿时间在岩壁下方搜寻，就能看到带纹长须猫鲨和虫纹长须猫鲨。而非常幸运的时候还能遇见黄斑猫鲨或者虎纹猫鲨，但这两种猫鲨一般都生活在沙地或深海中。

这里还有一种以米勒点为家的鲨鱼——神出鬼没的大鳍皱唇鲨。它们在那片海域十分常见，但白天常躲在洞穴中。暗礁处隐藏着许多洞穴，如果你仔细搜寻这些洞穴，应该可以看到几条大鳍皱唇鲨。但它们一旦看到潜水者，就会快速逃走。

猫鲨和皱唇鲨全年栖息在福尔斯湾，但扁头哈那鲨春天时会离开。

无论如何，米勒点都是一个值得体验的潜点。只要有机会，潜水者就应该去尝试一下。

需要注意的是，哈那鲨是噬人鲨最喜欢的猎物。虽然噬人鲨很少进入海藻丛中，但偶尔会有一两条在附近巡游，所以潜水者在追随其他鲨鱼时，要对周围的情况保持警惕。

米勒点潜水数据

鲨鱼种类：扁头哈那鲨、白斑宽瓣鲨、埃氏宽瓣鲨、带纹长须猫鲨、虫纹长须猫鲨，偶见黄斑猫鲨及虎纹猫鲨

能见度：水下 2~20 m，但冬天受海浪影响，能见度变低

最佳观鲨时间：全年

大多数去米勒点的潜水者都是为了见到巨大的扁头哈那鲨

米勒点是观赏小型猫鲨，比如图中这条白斑宽瓣鲨的好去处

阿利瓦尔浅滩，德班，南非

南非的阿利瓦尔浅滩是一片岩礁，有五颜六色的海绵、软珊瑚以及多种鱼类和无脊椎动物。在那里，锥齿鲨最常见，当地人称之为"虎头鲨"（Raggies，或者 Spotted Ragged-tooth Sharks）。在较冷的冬日，这些牙齿杂乱的捕食者会形成大型集群进行交配。潜水者在礁石附近常可以看到它们，但它们更喜欢待在洞穴的入口或突出的岩石处。幸运的话，潜水者一潜就能看到 50 条甚至更多的锥齿鲨在一处徘徊。

虽说阿利瓦尔浅滩的锥齿鲨已经足够引人注目，但那里还引来了鼬鲨及大量黑边鳍真鲨。在温暖的夏日，潜水者一潜往往可以看到五六条大小不同的鼬鲨。其实，阿利瓦尔浅滩对黑边鳍真鲨最具吸引力。黑边鳍真鲨体长约 2.5 m，是强大的捕食者，也是令人生畏的潜水伙伴。黑边鳍真鲨分布广泛，在其他大多数地方，它们都非常害羞，难以靠近，但在阿利瓦尔浅滩却不是这样，常有四五十条健壮的黑边鳍真鲨游到喂食点，在潜水者身边开心地游动，如果潜水者离诱饵很近，还常常被它们撞到。

灰真鲨、短尾真鲨及低鳍真鲨偶尔也会出现在那里。在极偶尔的情况下，噬人鲨也可能现身。

大多数鲨鱼喂食潜点的喂食活动都在海底进行，但在阿利瓦尔浅滩，诱饵箱悬浮在水下 6 m 的地方，鲨鱼们从诱饵箱的四面八方游过来，场面极其壮观。但这也意味着喂食者招待这些为了食物而来的贵宾时需要更加小心。

如果这些鲨鱼当时表现不错，喂食者可能邀请经验丰富的潜水者到箱子旁拍摄鲨鱼吃鱼的动态影像。

潜水结束后，黑边鳍真鲨常常一直跟着潜水者，直到船旁，期待得到更多的食物。所以，有时喂食者会留一点儿诱饵，以便摄影师在船的一侧拍摄鲨鱼跃出水面的照片。那之后，一次完美的潜水之旅就结束了。

阿利瓦尔浅滩潜水数据
鲨鱼种类：鼬鲨、黑边鳍真鲨、锥齿鲨，偶见灰真鲨、短尾真鲨及低鳍真鲨，噬人鲨极偶尔出现
能见度：水下 5~20 m
最佳观鲨时间：观赏锥齿鲨的最佳时间为冬季，观赏鼬鲨的最佳时间为夏季，全年可见黑边鳍真鲨

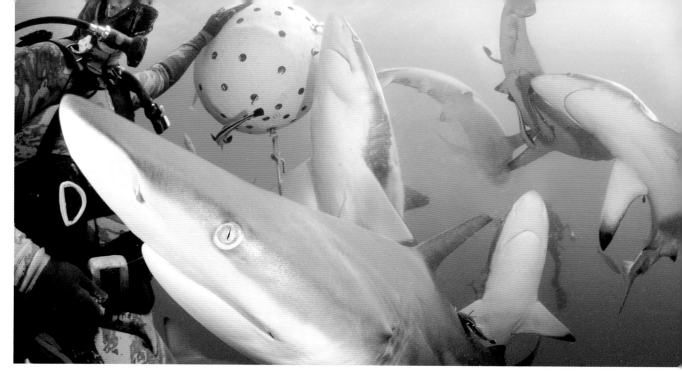

数十条黑边鳍真鲨被阿利瓦尔浅滩的诱饵吸引而来

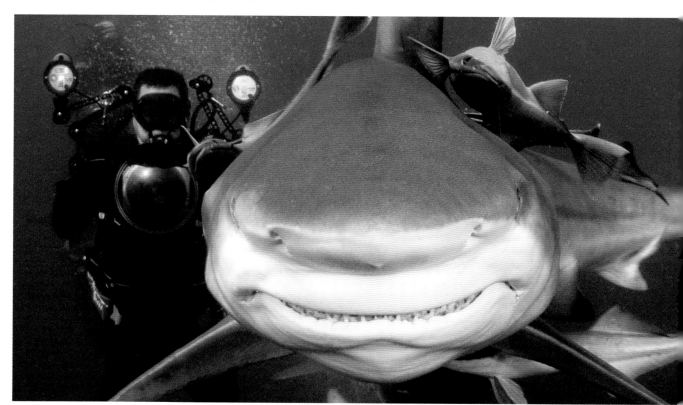

黑边鳍真鲨往往十分害羞，但这条黑边鳍真鲨冲着相机笑了起来

索　引